数字 + 生态

21世纪先锋建筑丛书

URBAN ECOLOGY

情态建筑 + 结构逻辑

ONL事务所的设计与建造

仇宁　薛彦波　主编

U0198530

中国建筑工业出版社

图书在版编目(CIP)数据

情态建筑＋结构逻辑——ONL事务所的设计与建造／仇宁, 薛彦波主编.—北京：中国建筑工业出版社，2011.7

21世纪先锋建筑丛书

ISBN 978-7-112-13341-3

I. ①情… II. ①仇… ②薛… III. ①数字技术-应用-建筑设计-图集 IV. ①TU201.4-64

中国版本图书馆CIP数据核字 (2011) 第121964号

责任编辑：张幼平

责任校对：陈晶晶　王雪竹

21世纪先锋建筑丛书

情态建筑＋结构逻辑

——ONL事务所的设计与建造

仇宁　薛彦波　主编

*

中国建筑工业出版社出版、发行（北京西郊百万庄）

各地新华书店、建筑书店经销

百易视觉组制版

北京顺诚彩色印刷有限公司印刷

*

开本：880×1230毫米　1/32　印张：7　字数：381千字

2011年6月第一版　2011年6月第一次印刷

定价：58.00元

ISBN 978-7-112-13341-3

(20722)

今天的建筑学面临空前严峻的挑战，住宅、交通、土地利用方面的问题以及能源和资源日益枯竭、生态环境恶化等，正以人类生存发展的大命题方式直接逼问；而在建筑学专业内部，受学科自身自律发展内在动力的驱使，求新求变的欲望日益强烈。那些困扰着历代建筑师的基本命题依然等待着与时俱进的解答：什么样的造型风格能够反映时代的精神？建筑怎样满足所处时代社会生产和生活提出的各种复杂的要求？建筑对于人的意义是怎样的？如何定义建筑之美？建筑学的发展方向何在？应当怎样处理继承与革新的矛盾？新的科学技术为建筑提供了什么新的可能性……

回顾20世纪的后四十年，世界建筑领域表面喧嚣，实则沉闷。后现代主义、新现代主义、解构主义，你方唱罢我登场，各领风骚十几年。尽管建筑师和建筑理论家们可谓是呕心沥血，花样百出，但这些流派与运动最终也只是对现代主义建筑某些方面的不足，如人文关怀和个性特色方面的缺失进行修正和改良，很难说有多少实质性的突破。预示和制约未来发展方向的信息和条件更多来自建筑学之外，这远远超出了仅将研究重点局限于形式与风格的探索者的视野。

在西方发达国家渐次进入后工业时代之后，社会生产与生活方式已经发生了深刻的变化：社会日益富裕，消费成为影响社会运转最重要的因素之一；福柯、德里达、德勒兹等后现代哲学家的思想广泛传播；计算机、材料技术、互联网及信息技术飞速发展；全球化趋势加速；由能源危机引发，人们开始对可持续发展及生态危机进行全方位思考等等。在内部自律发展的驱动力之外，正是这些变化外在地影响或制约着建筑学的发展趋势。

后现代哲学思想

现代科学将理性主义导向排除主观因素介入的完全客观的一元论，结构主义哲学更是将生动真实的大千世界归结为简单的秩序与普遍性法则，世界的复杂多元性被视为肤浅的表象，而被简化归纳的结构秩序等同于本质。

20世纪60年代以来，福柯、德里达、德勒兹等后现代哲学家的思想日益受到重见，他们在各自著作中从不同角度对现代主义的一元宏大叙事的权威性进行不留情面的反驳与颠覆，揭示真实世界的多元复杂性以及长期被主流文化忽略压制的非主流亚文化的价值与意义。后现代主义意味着一种世界观或生活观，即不再把世界视为统一的整体，而强调其多元、片段化和非中心的特点。

以德勒兹为例，他的思想有意挣脱和抵抗既有的或传统的社会文化的束缚，以开放性、增值性的思想观念阐释世界的多元和生命的混沌。他借助"块茎"、"高原"、"褶子"、"游牧"等概念，提倡充满活力的差异、流变、生成、多元的后结构主义观念。德勒兹的"褶子"象征着差异共处、普遍和谐与回旋叠合，有无限延展、流变和生成的开放性和可能性，是统一与多元性共存的平台。在经济全球化与文化数字化的时代，褶子导致人类转向开放空间，从而生产出新的存在方式和表达方式。"游牧"指由差异和重复运动构成的、未结构化的自由状态，事物在游牧状态下不断逃逸或生成新的状态。"块茎"是非中心、无规则、多元化的形态（区别于树状结构的中心论、规范化和等级制），块茎图式是生产机器，它通过变导、拓展、征服和分衍而运作，永远可以分离、联系、颠倒、修改，是具有多种出入口及逃逸线的图式。

致力于探索建筑学发展的当代新锐建筑师在这些后现代思想家的理论中找到了打破理性主义束缚的思想借居；20世纪中叶诞生的非线性科学理论为突破线性科学对人类思维的制约、研究复杂多元的问题提供了全新的视野与理论方法。传统的艺术及建筑创作原则如统一、协调、完整性等也随之丧失了合理性的基础，而漂移、变异、流动、生成等成为建筑创作中常见的观念。当然，就像德里达的解构哲学中一些概念被生硬地借用到建筑领域一样，德勒兹的后结构主义哲学概念也存在被庸俗化、工具化的状况。一些建筑师和建筑理论家从他众多的哲学新概念中提出一部分，只是作了望文生义的意象化处理，并在建筑的形态中以直接或隐晦的方式表现出来。

消费社会和图像化时代

后工业时代消费社会的基本逻辑是人们能够通过消费的对象定义自身的个性和身份地位，这种情况下，人们消费的主要是物作为标示差异的符号意义，于是，作为消费对象的空间，其形态的识别性和差异性就显得尤为重要。另外，在信息和图像化风潮的影响下，建筑形象吸引了越来越多的公众的关注，建筑师也需要个性鲜明的作品来获取成就与名声。事实上，一些建筑的影响早已超出建筑领域成为公共话题，而其建筑师也像娱乐明星一样风光无限。这种对外观形象的重视在数字虚拟、高速计算机的结构计算和图像信息传播技术的支持下更显出先声夺人的优势，形态和表皮成为建筑学研究的热点，建筑方案的表现手段已经反过来开始影响设计的理念、程序和方法。

全球化

信息技术的发展造成了新一轮的"时空压缩"，也促进了文化和社会生活的巨变。全球性的信息和资源流动正在改变着人们的生存条件，一些原来的区域性、地区性的观念产生了新的变化。非物质化的虚拟电子、虚拟社区的发展切实改变了人们的生活观念和生活方式，也引发了空间场所与人的关系的进一步发展。在今天，技术劳动力分配的全球化程度越来越高，建筑师跨地域从事设计实践已经是普遍现象，尤其是一些有国际影响的明星建筑师，在全世界的建设热点地域都能看到他们的身影。

生态危机与可持续发展战略

人类近两百年来对能源和自然资源毫无节制的滥用所导致的恶果在近几十年中集中地显现出来。今天的世界面临资源枯竭、能源危机、生态危机、环境危机、人口膨胀、发展失衡等诸多问题，总起来看就是人类的生存危机。

建筑是人类最重要的生产活动之一。我们从自然界所获得的50%以上的物质原料都是用来建造各类建筑及其附属设施，这些建筑及设施在建造与使用过程中又消耗了全球50%左右的能源。在环境的总体污染中，与建筑有关的空气污染、光污染、电磁污染占34%，建筑垃圾占人类活动产出垃圾总量的40%以上。作为资源利用和环境污染的大户，如何提高综合循环利用，探索节约资源、能源，减少环境污染、提高建筑科技含量和经济效益的绿色可持续性建筑，是建筑界当前面临的最大课题。

国际建筑设计界对建筑的认识在观念上已经发生了重大转变：如从注重建筑作品本身的经济、技术、艺术价值扩展到建筑作品的生态价值和社会价值，从注重建筑产品的建造过程转向注重建筑产品的整个生命周期等。

计算机、新材料、新技术

千百年来，建筑师遵循着线性思维方法，依靠自己的空间想象力，在头脑中设想建筑形态和空间关系，以二维的图纸或三维实物模型表达设计成果（其间虽有高迪这样的天才尝试突破，但毕竟是个例，且由于建造技术落后，其作品历百年未能完成）。今天，借助于计算机的数据和图形分析技术、虚拟技术和数字化控制制造技术，自由的、流动性的、形体和空间关系的复杂程度远远超出人想象力的非线性形体可以轻松地设计并制造出来。计算机技术不仅是建筑形体设计及成果表达的手段，随着编程、参数设计、形体生成等方法的普及，它对建筑设计的影响已经上升到观念和方法论的层面。当前的数字建筑，不仅其设计过程高度依赖计算机软件技术，在建造手段上也离不开数控机床等计算机辅助制造技术。

此外，层出不穷的各种新型建筑材料（如高强度材料、节能材料、环保材料及各种综合材料等）和节能环保技术，也为建筑探索提供了有力的技术和物质材料支持。

无论对于形式风格探索还是生态、节能、环保、结构和空间等内在品质的提高，突飞猛进的计算机技术为建筑学打开的是一扇革命性的大门。

具备了哲学的、社会的、经济的和科学技术的条件，似乎建筑学的发展就要掀开新的一页了。

20世纪初，建筑史上最具颠覆性的变革——现代建筑运动的发生即是如此。在其影响下，人们对于建筑功能、建筑美学、建造技术、材料科学、乃至对于建筑价值层面的理解，都发生了革命性的转变，并且挖生世界建筑领域达十世纪之久。现代建筑运动虽以集中、爆发的方式出现，但其酝酿的时间却在百年以上，综合了工业革命以来政治、经济、科技、哲学、人文、艺术等各领域的成果才得以实现，又恰逢两次世界大战造成的巨大的建筑需求量，其影响才达到如此深远的程度。

21世纪已经过去了10年。今天回顾百年前的现代建筑运动，并非暗示我们又站在了建筑革命的转折点上，因为有太多的不确定性让我们无法作出如此乐观的判断。任何建筑思潮和风格的产生，都与当时的时代背景息息相关。在价值和评价标准多元化的后现代社会里，再期待出现一种像现代主义一样放之天下而皆准的主流建筑设计思想或风格显然已不合时宜。

当前城市、社会和自然环境面临的问题，对于建筑学的发展来说是严峻的挑战，也是难得的机遇。在建筑师多元化的探索中，有两个大的方向已成热点：一个是延续建筑学自律发展的惯性（这也是多数建筑师最热衷的），进行功能、建筑空间及形式风格方面的探索，计算机虚拟技术为这种研究提供了前所未有的条件；另一个是从可持续发展的立场，致力于研究节能、环保的生态建筑。也有很多前卫建筑师将这两个方向综合起来，在进行功能、空间及形式风格等方面研究的同时，探索一种充分利用最新科技成果的，能够让人、自然和社会和谐相处的可持续性建筑。

本丛书选择在这两个方向的理论研究和设计实践方面有较大国际影响的建筑师或建筑事务所的作品作较为详细的介绍。Vincent Callebaut提出的"信息生态建筑"是一种智能并可与人类灵活互动的建筑原型，一个联系了人与自然的有生命的界面。他的研究力图将非有机的建筑系统进行有机化改造，以使这种能取导人类与环境平衡的新的绿色建筑融入生态系统中。IaN+事务所的新生态学并不限于常规意义上的生态环保，而是指与建筑相关的地理、气候、经济、人口、技术、艺术、文化等因素的复杂关系系统。他们的研究以一种特殊的方式将建筑、景观与这个复杂系统联系起来，进而激发有益的资源利用及技术开发。Greg Lynn是数字建筑理论的奠基者之一，从20世纪90年代中期开始，其事务所就已经成为利用动画软件进行建筑设计的先锋，其创新实践在年轻建筑师当中产生了广泛的影响。他的研究致力于以建筑形式表达当代技术的流动性、灵活性及复杂性，并创造性地将建筑的功能性、文化性和建造的可行性与电脑技术支持下的形态表现方式联系起来。R&Seic(n)事务所探索了通过技术虚拟手段把握不可接近的世界的可能性。为了打破理性实证主义和决定论对建筑的限定和约束，他们尝试利用动荡、不安的暂时性和偶然性，结合一系列既定的解决方案，来完成一种介于梦幻时光和未来之间的建筑。ONL是由艺术家、建筑师和程序员共同组成的多学科的建筑设计工作平台，他们在设计和生产过程中融入高超的交互式数字技术，将富有创造力的设计策略与大规模定制的生产方法相结合，使构成元素各不相同的几何形复合结构的建造成为可能。

这些国外新锐建筑师的研究与实践创造力、想象力丰富，成果显著，为建筑学发展乃至人类生活方式的转变提供了新的启示与思路。但作为实验性的前卫建筑探索，其发展还面临着一系列外在条件的制约。对于数字建筑和生态建筑，其设计与建造需要有雄厚的经济和技术力量支撑，另外，在日益全球化的时代背景下，这些前沿的建筑设计研究与实践如何与项目所处的自然、社会、经济和文化环境的相适应等，都需要大量细致的深化研究工作。所以，尽管它预示了建筑学发展的一种方向，但对我们来说，这些前卫探索最值得学习的应该是其研究的态度、立场和方法，而不是方案的生搬硬套或低级的形式模仿。

contents | 目录

ONL建筑事务所

ONL(奥斯特惠斯和伦纳德)是一家位于荷兰鹿特丹的创新设计工作室，他们以在设计和生产过程中融入高超的交互式数字技术(人工直觉、大规模定制、文件到工厂的过程)而闻名国际。ONL创建了一种自由的联结——介于合作设计过程中的直觉和参数三维模型及生产过程的革新逻辑之间的真实热线。ONL将富于想象力的设计策略与创造性的大规模定制生产方法的专业知识相结合，使构成元素各不相同的几何形复合结构的建造成为可能。

卡西·奥斯特惠斯是荷兰代尔夫特理工大学讲授建筑设计和设计方法的教授，同时是建筑学院超体研究小组和原型空间试验室的领头人，他的研究集中在建筑的复杂适应系统(CAS)以及合作设计和工程上的综合工作技巧。伊莲娜·伦纳德是一位曾就学于匈牙利布达佩斯的注册演员，还是一位注册雕塑家，曾就读于荷兰鹿特丹的威廉·德·昆宁学院。

ONL是一个跨学科合作的事务所，是艺术家、建筑师和程序员共同工作的数码平台。事务所由视觉雕塑艺术家伊莲娜·伦纳德和建筑师卡西·奥斯特惠斯创立，他们二人的独立实践相互融合，从1990年开始以一个设计工作室的形式进行艺术项目、互动装置、建筑项目以及城市规划研究等实践，期间也与许多其他的艺术家、建筑师和城市规划师进行了合作，如与城市规划师阿肖克·巴罗特拉（Ashok Bhalotra，荷兰高柏伙伴公司主席）共同规划了高效城市，与作曲家Edwinvander Heide共同设计了咸水馆的环绕声，在已经出版的几本著作当中与平面设计师也进行了紧密的合作。他们还组织了一些较大规模的活动（1991年的合成维度，1994年的雕塑城市，2001年的传输港项目，2001年和2006年的Game Setand Match），与来自不同学科的艺术家、学者以及商业专家进行了合作。从项目的开始，他们就一直关注与其他创造性学科的合作，这是他们自我启迪的一种方法。

ONL对于建筑的探索集中于以下几点：

1.建筑体

首先每一栋建筑都作为一种建筑体来看待和生成。建筑体是一个一致的有机体，它所包含的大多数元素都是为该有机体特别生成的。现代建筑体不再以重复为基础，而是以独特组件之间平滑的交互作用为基础构成。

2. 能量线

建筑体就像一个具有一定形状的容器，一个通过一套能量曲线定型的灵活的盒子。能量线描述了建筑体生成的路径、建筑体量表面的交叠，以及使用者通过建筑体的轨迹。

3. 对点群进行程序控制

在能量线描述了建筑体的外部条件的同时，点群的程序策略对建筑物体量内部的三维模型所涉及的点进行了组织。相关的点都是直接传译成建造的节点，成为从建筑到工程的捷径。

4. 档案到工厂

点群中的相关点以及将建筑细部具体化的点群都是由ONL以个性化的脚本编写而成，这在电脑、金属切割器以及玻璃制造商之间建立了直接的联系。大规模定制中的F2F进程（files to factory ,F2F，文件到工厂）使我们能够对成本和计划进行完全的控制。

5. 实时行为

ONL开发了基于多人参与游戏设计的技术，实时地将数据输入适应性构造物当中。适应性构造物和传感器接收不断传来的信息，并随之改变它们的范围。适应性构造物对不断改变的气候环境产生回应，并且不断调试自身来适应顾客的使用需求，同时能够节约近20%的建筑总重量。ONL选择以非标准建筑的视点来看世界，这意味着，他们将异乎寻常的创造视为工作原则，换句话说，他们已经不再将美学作用归纳为大规模工业化生产的副产品，而是提出了一种基于大规模定制原则的新美学思想。在他们最近所有的设计作品当中，没有一个建造组件是相同的，所有的构成元素都是独一无二的。它们都是数控机床根据ONL创造的F2F程序制造的，这将三维变量模型与生产机器直接联系起来了。非标准建筑最大的挑战在于，它开启了通向一种不再以反复为基础的新的建筑性语言的道路。但是新信息艺术家／建筑师必须了解新范例最基本的原则，坚持设计与过程的融合性，否则他们将与业主一起陷入一条不断重复的死亡序列当中。从他们近期的诸如网、座舱建筑、隔声屏障以及TT纪念碑等项目中看得出，他们能够在标准的预算之内制造真正的非标准艺术与建筑。

近年来，ONL经历了两次主要的范式转换。第一次飞跃是从重复性工业建筑到非标准建筑。这件事情的发生归功于运算技术的发展。当然复杂的几何形在早期能够通过手绘实现，尤其是通过当地人自己的手来实现。但是这些结构从来都没有被看作是几何形的。两千多年前的欧几里得几何学和3个多世纪前的牛顿几何学仍旧构成了99%的实际建筑产品。大概10至20年前，非标准几何学最终脱离了基于牛顿逻辑的柏

ONL建筑事务所

拉图体量变异的建造自动化，与此同时，新的软件也允许我们利用布尔运算，从另一途径消减复杂体量，并使用放样技术来制造复杂的表面。设计过程中的运算技术应用为设计师开辟了通向非标准建筑的道路。

十多年前，ONL投身于非标准建筑的领域，从束缚当中解脱出来，不再以头脑当中简单的图解来想象其作品。设计师头脑中的设计三维图像不可能在使用软件进行视觉化之前形成。现在他们已经学会怎么样控制直觉的失控与出乎意料，虽然这种失控仍然存在，但是他们开发出了新的技术来将其复杂性与生产联系到一起。现在他们已经完全适应并能够控制复杂的表面感了。

第二次飞跃更加显著，他们开展了对游戏生成软件以及实时环境设计软件的试验，利用粒子及粒子之间的关系来进行设计。卡西在代尔夫特理工大学建筑学系的超体研究小组试验利用艺术装置来建造实时行为的建构体。在ONL的实践当中，他们使用参数软件在组件中建立联系，而不是单单建造独立的三维物体。他们在法国蓬皮杜艺术中心展出的装置作品"肌肉"运用的就是这种实时运行的联系。这些建构体是运行中的程序，它的输入／输出设备由使用者控制，建筑已经成为一种使用者参与的游戏。在设计中，建筑师需要应对全新形式的不可预见性和不确定性。一些愚蠢的设计师的行为，就像鸟群中的鸟儿，能够建立元素之间的关联，但并不是控制总体的形态。在某些时刻，我们是有可能预测互动建构体的形状的，当然也就有可能将建构体引入某种可预见的状态，但是这样就扼杀了整个过程。

ONL将建筑物作为一个运行的程序来看待，通过一种全新的观念来对我们的环境进行逐步的观察。他们采取了全新的视点，将世界看作一个由上亿个复杂的适应性系统相互作用构成的群体。目前，ONL正在探寻新的实时交互处理工具。他们正试图成为行为方式的程序编写者而不是毫无生气的物件的制造者。尽管有时候ONL的建筑作品在形式上显示出了与我们所知道的自然历史的相似之处，但是这绝不是其创意的出发点。对于他们来说，复制任何一种生物物种的外表过于浅薄。他们更愿意去尝试发明新的物种，通过其复杂性和复杂的行为方式开始去熟悉其他生物，就像对它们早就了解了一样。

1995年，ONL已经组织了一个同时在奥地利维也纳、匈牙利布达佩斯以及荷兰鹿特丹进行的名为建筑基因的国际工作站，但作品并没有直接关系生物技术。新技术催生了Festo制造的为传感器使用的工业肌肉，ONL在其互动装置作品当中使用这些肌肉是一种发自内心的艺术家行为。在此之后，他们以其在艺术装置方面的知识和体验来尝试设计能够使用传感器进行实时行为的新类型的行为性建筑。ONL以艺术和建筑两种态度同时在设计和建造方面的尝试在不远的将来也许不会成为主流，但是它将逐步地取代旧的系统，这是实践当中的演进。旧的系统仍旧依赖于能够从建造目录上预定的大规模制造产品的市场，当市场转化为利用准时制生产对具体构件进行大规模定制时，所有的组件都是独一无二的，并可以被组合成一个三维迷宫，这时传统的系统将会慢慢地走到尽头。在不远的未来，旧系统与新系统将会并生并且进行竞争。建筑师所能做的只是将其设计作品投放到市场当中，静静等待并观察其作品对于这种演进进程的影响。

（对ONL事务所及其设计思想的介绍引自卡西·奥斯特惠斯的文章并有删改。）

新类型建筑

传统的乡土建筑是由实施过程来完成的,其间没有诸如绘图—工作草图—细部绘图的中间阶段。交流是在人与人之间直接进行的。用现代计算机语言来说,就是通过一个对等的无线传感网络。对等,是指人们直接与其同类接触;无线,是指这种接触并不是身体上的;传感器网络,则是指人们迅速地吸收、操作并传播信息。人们集思广益,讨论并付诸行动。具体的尺寸以及其他相关的数字细节是在建筑的完成过程中决定的。最终结果的细节无法预测,不过是建立在一套已经达成一致的简单原则之上的。

现在,21世纪初的机器已经取代了人类成为建筑元素的生产者及实际执行者。我们可以在现代数码技术的基础上建立一种极度类似对等的机器网络,在这个网络中,机器互相交流以制造具有无穷变化的不同建筑元素,它们看上去丰富而复杂,但仍是建立在一套简单原则之上的。人类通过概念性的干涉和多种多样的输入设备来和这种机器建立交流联系。这个过程叫做大规模定制(mass-customization,MC),是建立在"文件到工厂"这种制造方法基础之上的。这样一来,所有东西的绝对尺寸和位置都是不同的,但这并非因为人类的不精确性,而是由于计算机操作的多样性。

众所周知,建筑物是建立在工业化建筑元素的"大规模生产"(mass-production,MP)基础上的。这些元素作为非特殊材料被制造,在之后的过程中又被定制。半成品的制造过程局限于一定的大小和尺寸范围,而后被存储和记入目录,等待下一个流程提取,最终在工厂或施工现场进行装配,成为建筑的一部分。这种大规模生产的元素被分类,各自用于相互独立的专门用途:门、梁、窗、柱、瓷砖、砖、铰链、电线和管道,等等。而遵循"大规模定制"原则的制造过程则走完全不同的一条路。没有目录的存在,产品由原材料(通常仍是大规模生产的)为某种特殊目的制造而成,成为一个特定建筑物的独特装置中的独特部分。大规模生产的这部分将不能适用于其他地方,而是真正独特的。以"大规模定制"这种新范例为基础的建筑体系,将会和我们至今所认识的建筑设计艺术有着根本不同。现在已发展出用于建立多样性和复杂性的全新工具,它们制造视觉和结构上的丰富性与多样性,但仍是建立在简单原则上的——这种原则被应用于概念上的过程,以激发各建筑元素间的行为关系。对几何控制点行为的组织的动力来源于与3D模型的发展有关的外部、内部两方面力量。

从"大规模定制"的范例中看世界,可以发现它包含了"大规模生产"流程中所有可能的产品。只要把参数设为同一数值,我们就可以毫不费力地从大规模定制降至大规模生产。反过来则是行不通的。大规模定制确实包含了大规模生产,而大规模生产却肯定不能包含大规模定制。就像平面世界的居住者,他们不可能经历,更不用说想象空间这个概念。但空间世界的居住者对平面世界是有概念的,有如空间世界的一个切面。

"对等机器网络"中,机器之间由信息流联系并互相交流的真正理解将引导出建筑师/设计师的一个全新意识层次。我们必须上升一个层次,开始为所有可能的控制点的行为作出规则和限制,而不是把这种丰富性与复杂性看作是一个既定标准的特例。在这里,控制点的群聚将被称为"点群"。控制点的所有可能位置将不再被视为特殊状态，而被视为在点与点的聚集关联中固有的可能状态。"点群"可以看成几何体的一种"量子态"。不再有既定标准下的例外，非标准的计算决定了控制点，例外变成了规则。这种层次的上升可以理解为从平面与剖面的世界踏入真正的三维空间。我们现在走出"大规模生产"和一成不变的复制，并走进"大规模定制"和复杂性的领域，计算机规划技术已经使这变为可能。我们将上升一个层次，从那里我们将会踏入密集的行为空间世界。那时，我们会像经历过时间机器的旅行者一样遗弃冻结的三维空间，也像一个空间的居住者遗弃平面世界一样。

规划"点群"

ONL的作品，如"北荷兰网"、"隔声屏障"以及"座舱"都是以"大规模定制"的新建造范例及编程软件设计机器的新设计范例为基础的。简单的原则被输入机器，以创建视觉上复杂的几何体。通过对等的交流，数据由3D模型传递到执行机器上。用于切割、弯曲、钻孔和焊接的机器由数据和序列控制，这些数据和序列是由ONL编写的脚本、常规和步骤产生出来的，并在点群中的点上执行。ONL运用多种编程工具，通过多种设计策略来组织点群中的点。每个项目都遵循略微不同的道路，同时又共享点云编程的原则。

在节点间建立联系

"智能尘埃"、"效能烟雾"和"群聚"都以建立局部关系的概念为基础。一个节点要考虑相邻的节点，但却意识不到整个节点群的存在。智能，并不能用一种反工程学的方式由上而下地规划，而是通过建立某系统各节点间的关系，在进化过程中由下而上浮现出一种意识。智能不一定要意识到自己是智能的。智能完全可能从一群相对愚蠢的成分中浮现出来。合起来，它们显现成一种复杂的东西，人们把这种复杂的东西称为智能。这里所说的智能，与人类的智能不是一回事。它是指在复杂的交互作用(其驱动者并不那么复杂)中自然发生的行为。这个定义似乎也适用于我们大脑的活动、交通系统、人们的聚集以及城市的生长与收缩。在此也希望，它可以同样适用于被组装于一座建筑物中的各驱动者、各成分间的关系，这种关系既在设计过程中建立，也在实际的建造过程中建立。

新类型建筑

通过在"细胞自动控制"这种已有的机器上建造，斯蒂芬·沃尔弗拉姆(Stephen Wolfram)最近宣称他在这一领域的研究构成了一个新科学的基础，而这也是他那本重达一千克的著作的题目。运行一个细胞自动机器即在某些简单规则的指导下一代又一代地(逐行地)建造。沃尔弗拉姆花了几年的时间运行了上千种可能的规则，发现某些规则导出视觉上复杂且不可预测的东西，另外一些规则则会逐渐消失，或导出统一的、可预测的结果。然而，导出复杂体的规则并不比其他规则更复杂。沃尔弗拉姆认为这些规则构成了所有进化背后的驱动力，无论是自然有机体还是人类干涉的产物，包括科学理论和数学。理论上，所有复杂并且行为不可预测的事物都建立在简单的规则之上，这些规则产生了这种复杂性。如果真是这样，那么细胞自动控制的发展将取代传统科学成为所有科学领域将来进步的根基；这将引起一种范例的转换，这种转换体现在人们构想建筑的方式上、几何体的产生方式上以及制造各组成部分的方法上。

本质上，所有的点，类似于细胞自动控制中的细胞，都在遵循某些简单规则，参照它的上一代以决定下一代是什么。只需运行系统，人们就会发现简单规则将导致何种结果。设计变成了运行计算，一代又一代，检查、修改，然后再运行。设计比以前任何时候都更加成为一个重复过程。在传统设计过程中，只需重复有限的几次；而当在一个计算机中建立一套简单规则，才是真正的重复，即每秒很多次。用Turbo语言的话说，这是在以光速进行设计，这是像方程式赛车手一样设计。遵循一定规则、运算法则并通过运行程序达到的设计，建立起一种新建筑的基础。这种新建筑以一个智能的点群的行为为基础，每个点都执行一个相对简单的规则，每个点都表现出对其瞬时环境的意识。

建筑细部的专业化

被节点所控制的局部规则不仅创建了它们的行为，还创建了它们外形的复杂性。节点通过连续的替代系统发展，遵循简单的规则，如：将该节点由三个相互之间距离短的新节点替代。这导致了该节点的局部特殊化，用建筑学的术语说，即导致了建筑细部。建筑细部需要更多的点，这些新的点将由一个描述了在节点上执行的简单规则的脚本产生。在"隔声屏障"的例子中，点群中的每个节点都被增加至上百个新的点，从而描述几何体并产生出那上千个独特元素的制造所需要的数据。很显然，脚本接收到的数据一部分来自整个点云中点的行为，另外一些数据则来自由上至下的设计者的设计意图、被采用的材料的特性、结构计算以及各种环境限制。这样，这个复杂的聚集粒子群不断发展，直到决定将它们制造出来。

"网"的细部直接来源于按照二十面体网格组织的点群，这个二十面体的网格被贴于NURBS双曲面表面。就像针被插进针垫一样，ONL也创建出指向内部的垂直于表面的法线。这一举动使点的数量加倍并产生一个新的点群。这些点被命令寻找它们的紧邻，并在这两套点间建立起平面。这些平面被赋予一个厚度，从而导致点数的再一次加倍。之后，这些互相关联的接合点的发展使得点的总数再一次增加，直到这些点够用来描述几何体，并把这些数据传送给切割机器。接收了设计者意图的数据，以克隆和增加点(遵循简单的局部程序)的方式，细部就由节点发展出来。

由于节点的加倍不能沿平行线执行，连接的平面互相之间就形成了角度。这将导致一个进化的建设性优势，因为折痕增加了折面的力量。结果，在这种建设性的参数原则下，ONL实质上可以建造出任何复杂双曲面的支撑结构，无论曲率圆滑还是尖锐，也无论表面凹还是凸。"网"的参数性细部关系到双曲面建造技术中的一个主要发明。并且，它将表面的设计与其建造和加工紧密地联系在一起。建筑体系、建造和加工成为一个整体，就像身体、发肤是一个整体一样。

"隔声屏障"的点群产生过程和"网"不同。屏障两边各有一条长长的伸展的NURBS表面被10000条平行线撞击。这20000个交叉点构成了点群的节点。一些脚本在这些节点上执行，发展出细部，并产生出制造40000个独特结构元素和10000个独特三角玻璃片所需的数据。这些靠传统的绘图技术和制造方式是根本不可能实现的。

"座舱"的点群和"隔声屏障"有直接联系。屏障伸展的体量像充气一样升起，为劳斯莱斯的车库和展示厅提供了5000平方米以上的空间。点被一些柔软的曲线控制，这些曲线则又被一条参考曲线控制，这条参考曲线在参数性软件"职业工程师"(ProEngineer)里建成。在"职业工程师"里，ONL已经运用曲面上的点创建了一个参数性细部的"范式"。

"隔声屏障"在建筑体系、结构和制造上的概念是另一主要的创新。通过与钢铁制造商Meijers Staalbouw的密切合作，ONL已经证明，在一个常规预算下，没有普通承包人的干涉，大型的复杂结构也可以被成功建成。得益于成熟发展的3D模型与制造间的直接关联，得益于设计机器与制造机器间通过脚本的联系(以简单原则为基础)，ONL已经证明，一座复杂的建筑物可以如一个智能的工程产品一样发展。

实时运行的点群

在建筑双年展上，ONL创造了名为"手绘空间"的互动画作，它是在"传输港"(Trans-Ports)装置

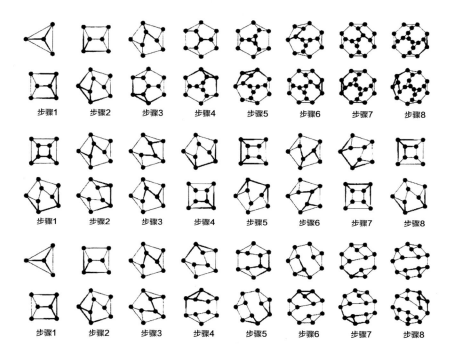

| 步骤1 | 步骤2 | 步骤3 | 步骤4 | 步骤5 | 步骤6 | 步骤7 | 步骤8 |

| 步骤1 | 步骤2 | 步骤3 | 步骤4 | 步骤5 | 步骤6 | 步骤7 | 步骤8 |

| 步骤1 | 步骤2 | 步骤3 | 步骤4 | 步骤5 | 步骤6 | 步骤7 | 步骤8 |

中运行的。这件作品展示了ONL是用什么材料来重新定义艺术和建筑的。ONL用游戏发展软件(过去是Nemo，现在是Virtools)来运行这个系统。定义上，游戏是实时运行的，游戏展开，按照规则进行。游戏软件还可以建立起多玩家世界，这对"合作设计与工程"肯定是很适合的。

在"手绘空间"里，粒子不断地从看不见的3D模型中发射出来。粒子的数量和粒子的大小，以及它们在整个范围中的位置以及颜色都是输入的数值，由在这个装置中间走动的游客通过红外线传感器决定。这些游客与点云的世界联系起来。粒子不断变化的数值使得其外形永远不会重复。每当一个人进入"手绘空间"的领域，他／她都会经历一个全新的独特世界。实时计算的结果是丰富和复杂的，而且其细节永远不可能被预测。一步一步走动的游客学会了如何与运行的系统合作，他们自己学会了如何遵照规则(而不改变规则)游戏。

现在将这个概念推广到建筑学的范畴。当我们可以使人的运动参与建筑自身的运行过程中时，我们就直接地改变了建筑学原先依赖的静态根基。而当我们使随机变化的天气情况和其他环境的数据参与建筑物自身的运行过程中时，我们就开始再一次从另一个层次看待世界了。那时我们就比现在至少高两个层次。将"手绘空间"推广到建筑学将导致3D模型的合作性进展中一个重要的范例转变，它也将以同样的方式改变我们与作为运行程序的建筑物之间的联系方式。

从那里看待世界意味着把点群看成一群智能的物质，互相之间实时且持续地交流，只要在进程之中。"传

新类型建筑

输港"装置在其自身解释模式中为我们提供了另一个线索帮助我们建立这些点自身之间、人们自身之间以及人与点之间的关系的线索。人和点是两个互相作用的不同点群。"传输港"的自身解释模式引入了第三个活性的点群，其形式是作为信息贴于内部表面的像素。这些像素，即点群，可被用来与多种视觉的复杂体沟通，这些复杂体和其他的活性环境相连接，其范围从字母、语言到符号、图像，再到电影以及实时的网络摄像机。

看一台"传输港"机器操作，你会觉得它显示出了自由意志——它自己的意志。由于人类的自由意志究其根本是一套复杂行为，人类的大脑与人类的身体在其体内密切合作，执行简单规则。其结果，看起来完全可以假设这确实是自由意志的一种简单形式。无论是为它写脚本的人还是运行其程序的人，都无法预测它。既然不是他们准确地预测"传输港"将做什么，那么只能是"传输港"这个运行的程序自身在实时作出决定。"传输港"机器解读着游走于其装置领域内的人们的随机性。

对ONL来说，"传输港"已经成为"可编程建筑"的一个起锚点。从那之后，ONL就作好准备要将概念性设计师的大脑提升到另一个层次，在这个层次上，建筑物和建筑体系的游戏的所有参与者之间的互动都变为可能。从那里看世界，没有建筑是静止的，它们都在运动，尽管大多数都极其缓慢且极其愚蠢。从2000年开始ONL着手于一幢建筑，在其中，所有的参与者(包括所有的建筑材料)都被看作是潜在的信息的传送者、处理者和接收者，所有的参与者都实时地与它所在的群或其他群的成员进行沟通。

非标准建筑中的"肌肉"

专门为巴黎NSA SHOW建造，预算为70000欧元，ONL将理论载体"传输港"的知识运用到了一个叫做"肌肉"的工作原型中。"肌肉"由72块气动的肌肉组成，它们连为一体，形成一个连续的网络，包裹在一个充气的蓝色气泡外面。在这个"可编程结构"的原型中，并不是节点们被命令移动，而是这些相连的肌肉。不同的气压通过一个脉冲在几毫秒的气流送到每一块肌肉。当气压被吸进肌肉时，肌肉就变得厚些、短些(肌肉是FESTO的产物)。当气压被从肌肉中放出，肌肉就放松下来并重新获得肌肉原来的最大长度。每一块肌肉的实时的(在我们的实际世界中，实时是指每秒很多次，且每秒并不绝对连续)气压变化使得点群中的点开始像鸟群一样移动。

由ONL和来自HRG的学生助手一起开发的实时Virtools工具向I／O板传送信号，I／O板与72个控制气锁开合的阀门相连。"肌肉"的进程表也将实时地接收到来自8个传感器板的24个传感器的输入，这些传感器板与8个用于建造的肌肉网络相连。公众可以触摸传感器(红外线传感器、触觉传感器及模糊传感器)以参与"肌肉"的运行系统。

肌肉群是以这样一种方式进行程序设置的：所有的肌肉单体合作来完成一个变化。一块肌肉不与其他相连的肌肉合作就无法变换位置。通过在Virtools软件中把图表集合起来，节点被设定成变换位置时要考虑彼此。变化被传达到相邻的节点。连成一片的肌肉要想精确地完成节点的移位，其所需要的距离在那里得到计算。这个计算建立在系统测试的实验数值上，在测试中气压、气压管的尺寸以及阀门承载力都是设定的。

节点一直互相留意。当肌肉们的长度发生变化时，"肌肉"就会不停地跳跃、扭曲、弯曲和旋转。只要程序运行且气压使之有活性，"肌肉"就是ONL第一个物质化的结构，它是一个遵照自己的自由意志行动，同时还与公众互动的程序。要想发生互动的过程，必须存在两个或以上的活性组织，有两个互相交流的运行系统。"肌肉"是其一，人类则是其二，两者都有自己的意志。对"新类型建筑"来说，"肌肉"是一个"快而脏"的建成原型。这种新类型建筑不仅是通过计算设计出来，其本身就是计算。输入的数据来源于两方面：建筑物的使用者和作用于建筑物环境力量的基础上，这种新类型建筑永不休止地计算着它上千个主要节点及上万个辅助节点的位置。新类型建筑是一个超体。

结论

建筑学已经成为一个基于规则的游戏，其参与者是一群积极的成员，他们与其他群进行交流。前面已经证明，"大规模定制"的"档案到工厂"过程是如此，以可编程前摄结构的"实时行为"（RTB）为基础的"新类型建筑"也是如此，互动性的"合作设计与工程"(CD&E)也是如此。要想发展"大规模定制"的"档案到工厂"过程，则必须上升一个层次，从那里看世界。不是从高往下看，而是从里面看向一个新的复杂性维度。要想处理可规划结构的实时行为，则必须再上一层，并且用这样的观点看待世界：所有的节点都实时地执行着它们的系统，并且实时地与它们自己的或别的种群进行交流。要想到达那里，上升两个层次，则必须将自己置于"合作设计与工程"的运行过程之中，并从其中看世界。信息建筑师是在进化中工作的。

总结一下ONL在"新类型建筑"的设计和制造过程中的态度：

A.上升一个层次到"大规模定制"（MC）：
MC意味着，在一个建成结构中，不是一个单独的重复的成分。
MC包含传统的"大规模生产"（MP）的建筑，而传统的建筑不包含"大规模定制"。
ONL达到MC的手段：发展普通的参数性细节。
建立"文件到工厂"（F2F）程序。
MC和F2F的基础：点群，指导控制点的手稿、程序和步骤。

B.上升两个层次到"实时行为"（RTB）：
结构是作为运行的程序来发展的。
建筑物不断地改变自己的外形。
RTB包含传统的静态建筑，而传统的建筑不包含运动的RTB。
ONL达到RTB的手段：将建筑物的成分定义为"驱动者"；实时地为驱动者提供数据；将驱动者与游戏程序联系起来。
RTB的基础：群体行为游戏理论合作设计与工程

文章译自卡西·奥斯特惠斯A New Kind of Building，有删改。

　　　　　　　　　　　　　　　　　　　　　　　　　　　　新类型建筑

01 ╳ 趋向情态建筑
Towards an E-motive Architecture

超体建筑是一种能够实时改变的可编程建筑躯体。这不是指设计过程当中的动画效果,而是有关活的建筑物:一座不间断地进行运算,总是将自身的定位与其内部和周围的实时程序关联在一起的建筑物,这种关系更像是一条手臂与腿部之间互相平衡的过程。建筑物的组件是一群独立发挥各自功能,而又同属一个群类的元素。

陈述1：建筑物是信息处理机器

一栋建筑是一套固定和移动的组件，一个将形式与实质赋予通过其自身的信息流的总体。活动的构件包括门、窗和开关等。事实上，门也是开关，它们或开启，或关闭。当它们打开的时候让信息通过，而关上的时候信息就被阻碍住了。

这里的信息指的是任意形态下的信息：图像、文本、口头词语、电流、水、煤气、日用品、空气和光。每一种信息的形态都有其自身的载体。人群传递口头语言，书籍传递印刷词句，电视传递图像，输送管线传递煤气、空气和光。信息宛如一个没有固定居所或是从属位置的包裹，总是处于不间断的运动状态。建筑物吸收不断到来的信息，将之进行处理并以另一种形态释放出来。建筑物拥有自己独特的新陈代谢形态。

建筑是一种类似于身体的东西，一个具有头部、躯干和尾部的建筑躯体，正如Elhorst-Vloedbelt垃圾转运站一样：建筑物是一台垃圾分类机器，废弃物作为一种特殊的信息形态——它被度量、记录、分类、储存、过滤和清洁。建筑物将这一过程秩序化的同时，从内部与外部将整个过程联系起来，因而建筑物本身就能够被作为一种信息处理措施、一种输入／输出设备。建筑物是一种信息载体，就像人类也是信息载体一样。我们听、看、闻、感觉和品尝，在我们的大脑和其他身体器官当中处理信息，依次生成图像和声音，并将其他已经处理过的物质排出，我们都是天生的新陈代谢者。信息永远是一个持续的转化过程的主体，总是存在着一个信息被载体承载的瞬间。比如说，当我们驾驶一辆汽车的时候，汽车承载着行李和驾驶员，而这两者又承载了信息。驾驶员在同一时间承载着他/她储存下来的信息以及他/她实时进行处理的信息。汽车驾驶的过程中产生的信息包含了它对其他机动车发出的信号：速度、方向、指示器、刹车灯和鸣笛声等。现在，如果我们将这种观察方式应用到建筑物和建筑学上，我们就能够确定建筑物是在不断地接收和处理信息，并随后生产出新的信息。所有的建筑物都在信息转换的全球性过程中共同扮演了一个重要的革命性角色。

陈述2：情态建筑制造了超体。超体是一种可编程的建筑物躯体，它能够实时改变自身的形状和容量

超体这一定义需要从更细的角度来进行解释。超体之于建筑，正如超文本之于手写信息。超文本中充满着扭曲的孔洞，你能够在一分秒之间从一个领域（超体是一种建筑躯体）跳转到下一个领域。你将会马上明白扭曲的孔洞是怎样被引入建筑物当中的。这种建筑躯体是信息处理的载体，而信息则是被使用者牵引进入建筑物和通过脐带联系而被填入建筑躯体内的。超体是一种可编程的建筑物躯体，就在近十至二十年之间，通过遥控来度量和修正建筑的服务已经成为可能。目前，建筑自身已能够对自己的温度和湿度进行实时度量，但建筑师从来没有挤出时间来灵活地将这些技术配置到设计过程当中去。这项任务的常规做法目前仍然被理想气候的单一概念垄断着，每个人都知道这样的事情并不存在，但却仍然将之作为一种不可争辩的假设而毫不抗拒地接受着。一座可编程的建筑是没有这样的先决假设的，它是可编程的，这就意味着你能够在其中创造任何你期望的气候，同时也意味着建筑师们能够设计体验，而使用者们则能够以他们自己具体的气候来唤起体验。超体是一种不断发生改变的建筑物躯体。直到现在，建筑学都是一个难以驾驭的学科。建筑物总是注定成为像岩石一样稳固坚实的东西，尽管有时赋予形体流动性，而更重要的则是抗拒真正的流动。想象一下，如果建筑物能够以比以前我们所想到的可能性更多地随着使用的变化而变化，那么建筑就能够变成动态的。并且，这里所说的并不仅仅是移动门窗，而是整栋建筑物的运动。

超体是一种能够实时改变的可编程建筑躯体。这不是指设计过程当中的动画效果，而是有关活的建筑物：一座不间断地进行运算，总是将自身的定位与其内部和周围的实时程序关联在一起的建筑物，这种关系更像是一条手臂与其相反的腿部之间互相平衡的过程。建筑物的组件是一群独立发挥各自功能，而又同属一个群类的元素。超体是一种可以实时改变自身形态的可编程建筑躯体。可以假设建筑物的结构也将会可编程化。直到现在，结构设计仍然总是聚焦在抗拒扭曲变形上。一个可编程的结构永远不会停止运算，它持续地通过调整自身的位置来保持平衡，或者完全摆脱平衡来让自己放松和振作起来。一个实时建筑物躯体总是在运行着。

超体是一种可以实时改变自身的形态和容量的建筑躯体。实时建筑物躯体靠信息来充实自身，它们处理信息然后将其再次进行分离。而信息当然也像超文本一样通过扭曲孔洞从一个领域运动到另一个领域当中。当信息在超体当中以超表面的方式安定下来的时候，我们对于超体内部和周围空间的感知就将变成可编程的、可操控的，因而就成为了设计的主题。建筑成为了一种游戏，而使用者们就是游戏的参与者，建筑师则是这场游戏的程序设计师。

有了一个可使用的超体概念，现在来看看，一个充分展现的超体到底是什么样子的?在接下来的十到二十年之间，会有怎样革命性的飞跃? 并且，在这样的文脉当中，到底建筑物与建筑学之间微妙的差异是什么? 而对于建筑设计领域来说，我们需要发问的重要问题则是，建筑学科到底需要怎样的发展，我们才能够在一个国际性的层面上进行超体的研究?

进化是一种不断发生的过程，应该对其进行实时性的引导。这也是人们正在做的事情之一。以汽车工业为例。一个新式的照明灯，如果放在过去一个世纪的发展经历中看，你试着想象信息流怎样发生才能到达这个设计，然后再试着推断照明灯的发展在未来将怎样进行下去。可能的结果是，在过去的几十年间出现的能够将自身灵活嵌入汽车车身的照明灯将会在未来从一个将电能转化为光能的添加性元素，转化为一种类似眼睛的信息处理器官。照明灯将会进化成为一种输入／输出设备，一种能够吸收内部和外部信息，并将之转译生成新的信息的器具。照明灯将会成为一种实时工具，它能够考虑汽车车身上其他器官的工作情况和其所处环境。

建筑物也是一个相对灵活的组件共同工作达成目标的集合体。以ONL的"传输港"项目为例，它最原始的概念就是将不同港口城市的空间通过使用宽频网络连接起来，鹿特丹、洛杉矶以及东京的空间可以共同构成一个单体建筑，它的房间并不是以实体并置的方式来建造的，也就是说它并不存在套房，而是包含了一系列虚拟的房间。这样的空间而后通过Marcos恰当的放置来分层。"传输港"将会变成一个真正的情态建筑。

趋向情态建筑

陈述3: 情态建筑是一种放大器

情态建筑是可编程的。它们作为一种体验和情感的放大器来工作。当然这并不意味着这样的建筑物总是在疯狂地运动,产生大量的噪声或是产生图像;而是意味着移动的程度、行为的数量,以及其所提供的图像与声音的速度,都可以完全规范在零至无限的范围当中。如果我们将物理性运动的参数设置为零,建筑物就根本不会产生运动。我们能够通过其自身的软件来完全将其制动,它比传统的建筑更加凉爽和坚硬。因而,可编程建筑包含了难以驾驭的传统建筑。建筑物的概况信息——它的程式——被嵌入脚本当中,脚本则是与实时生产与选择参数结合进行协调。一座情态建筑物正是一件被其文脉与使用者所演奏的乐器。

陈述4: 至少两个活跃的参与者参与的相互作用

你能够通过改变建筑物正在参与的游戏参数与建筑进行实时交流。它直接对你所做的事情和所说的话产生回应。它可能以很多种方式进行回应:讲话、移动、刷新信息目录和播放音乐,这都取决于你正在参与的游戏。

事实上,生活在一栋建筑物里是一种生活状况,这时建筑物及其使用者两者都是游戏的参与者,有趣的是我们都不知道游戏的规则是什么。

建筑物难道不仅仅是游戏展开时的背景吗?

建筑物可以变得积极,它或许能够像你一样以人的方式行动。

凯沙罗顿塔桥 / 由一条连续线描述的桥梁、车站以及地标性高塔

本案建立在一个连贯的三维线体上，这个三维线体的轨迹沿着三条坐标轴运动：

X：道路和火车的坐标轴

Y：桥梁坐标轴

Z：地标性高塔的坐标轴

建筑师在三条坐标轴的中心放置了网络集线器，将地上层以及首层的所有功能联系在一起。桥梁像一张卷起的薄饼一样被建造出来。覆盖了咖啡厅的车站天棚是一个对于桥梁的倒置构筑。这一系列矗立向上的地标性塔楼具有相似的结构组织，在高塔之中，建筑师规划了20个工作室，分散在10个楼层之中。在高塔的顶层有一个高空酒吧。

这一设计是完全参数化的，这也就意味着建筑师可以通过程序等手段轻易地对它的变化进行调节。它所传递的形象都与"肌肉"相关，一个人将会感觉到力量、紧张感、强韧、坚实度、弹性和可变性。这个项目的建设能够使用从图纸到工厂的程序框架，并在标准预算内被建造出来。

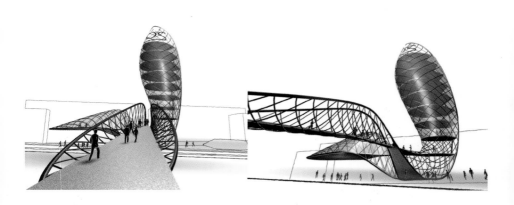

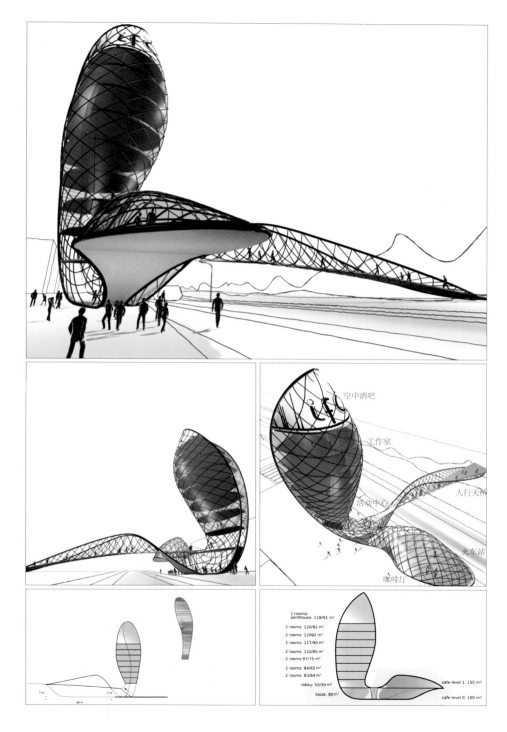

空中酒吧

工作室

活动中心

人行天桥

火车站

咖啡厅

2 rooms/
penthouse: 118/91 m²

2 rooms: 120/92 m²

2 rooms: 12092 m²

2 rooms: 117/90 m²

2 rooms: 110/85 m²

2 rooms:97/75 m²

2 rooms: 84/65 m²

2 rooms: 83/64 m²

lobby: 50/39 m²

kiosk: 80m²

cafe level 1: 150 m²

cafe level 0: 100 m²

7 m   5 m

18 m

咸水馆

柔韧的表皮

汽车程式化的机动性可以被以计算机程序将建筑作品构筑于运动流体之中的这一代建筑师所充分理解。电脑的高速运算可以实时对不断变化的条件产生结构上的响应。我们这一代建筑师中的很多人仍然不安分地确信这种运动的不稳定状态，但是他们很快将清晰地认识到一个真实的流体建筑的艺术性是被平衡活动所抑制的，这种平衡活动是可变体的多重力量间不断实时运动的结果。一个具有柔韧表皮的可运动体，显然像是自然规律的产物。柔韧表皮由全新的材料和传统的覆层系统组合而成，无接缝、连续并且柔软。

凹凸映像表皮

令人着迷不已的矛盾在于位图技术已经切实提高了真实物质的触感的重要性。现在ONL已经掌握了制造一个完美平滑而清晰的表面的知识，他们完全能够解放自己以自由地进入下一步表皮的开发之中。现在他们想要使表皮变得凹凸不平，具有触感和纵深感。在那之后，从纵深的凹凸表皮到真实可变的三维表皮的演变就完全是合乎逻辑的，并且是不可避免的了。这一过程将在静态的凹凸映像表皮向一个更为巧妙的触面表皮转变时发生。

一体式结构

我们把建筑作为一个单体来对待，建筑物的完整性结构与一个动物的头骨没有什么区别。但汽车和个人电脑的演进与单体概念有什么关系呢?为了可以移动，汽车需要成为一个连贯的实体。当其快速移动的时候，这个实体将会受到力的多重影响，而重力只是其中之一。为了抗拒多重力的作用，汽车就需要一体式结构，这也正是为什么现今的汽车设计展现出了一系列非常动力学的造型。那么对于个人电脑呢?为了管理数量不断增长的流动数据，个人电脑也已经成为一个连贯实体，用其本身的框架结构来支撑多种多样的媒体功能。对于汽车和个人电脑来说，合成的完整性和坚实性分别以不同的方式进化着。汽车的结构形态像鸟类的头骨。动物头部的复杂硬质体被一层柔韧的

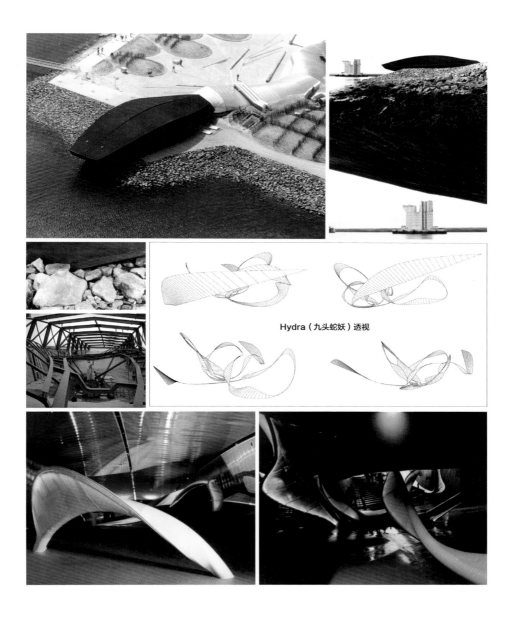

Hydra（九头蛇妖）透视

皮肤包裹起来，保护着神经脉络并容许其能够配合颚部和反角器官的动作。汽车以几乎相同的方式使其结构呆板的一体化车身处于其挡泥板、引擎罩和缓冲器的保护之下，而这些东西在功能变化和风格调节时都可以被轻易地摘除。另一方面，到目前为止，个人电脑已经发展成为一种外骨骼结构，提供保护作用的硬质壳被放置在外部，而精巧的配线和它们之间复杂的接头则很好地被包裹在内部。咸水馆的建筑实体将这两种进化性的策略结合了起来。

咸水馆

真实的水

咸水馆的入口在一朵巨型波浪下方。这朵波浪将近六米长，并且淹没了该馆低层的地面——湿试验室。当你进入建筑，与水流一起到达湿试验室时，你就进入了水下世界。这里的每一样东西都是潮湿而光滑的。水从墙体上滴下并涌动在地板之上。当湿试验室被波浪填满的时候你就可以体验大海的潮汐涨落运动。你被升起的水层推往后面，因而你在穿过水面到达试验室的另一端以前，必须等待更低的潮汐来临。湿试验室是一个被真实的水填满的黑暗、潮湿的环境。各种不同的亚光灯变换着颜色，并倒映到地板、墙体以及顶棚潮湿的表面，创造了一种浸入式的水下体验。在这个潮湿的氛围当中，不断闪耀的"水螅"像是巨大的海草，它们以一种连贯体的形式沿着多种线条贯穿整个咸水馆，将湿试验室与感觉中枢编织在一起。

现实世界

当你攀出湿试验室的时候，迎面而来的是一个对于周围景观的全景性视角。首先你看到的仅仅是一线天空，然后缓缓转向平坦的荷兰三角洲的地平线景观，视线盘旋并结束在东斯凯尔德海的水面上。全景式的窗户是咸水馆内唯一能够让人看到其周围环境的地方。视角的可视性被气囊控制。气囊是一种装配在窗户上的、在窗子开启时使用的膨胀性物体。当气囊膨胀起来时，它会充满整个空间并关闭原有的视角。气囊的关闭与开启同样被中央计算机所控制并且是咸水馆总体程序的一部分。

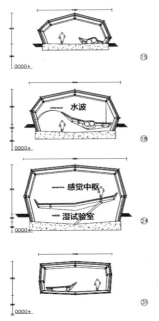

剖面15、18、24、31

虚拟的水

在看过周围的景观之后，你转身通过波浪形的地板走进感觉中枢。波浪形地板的体量宛如巨型舌状物，它将整栋建筑物划分为两部分：湿试验室和感觉中枢。在感觉中枢当中，你被各种各样的水的虚拟表现形式所包围。从一个极点散布开来的五条弯曲的线同建筑物实体的外轮廓线相联系，直至与其相对应的另一个极点。这些线体当中多种颜色的光学纤维电缆从聚碳酯表皮的后面照亮了整个感觉中枢。这两个极点同时存在着一组由"水螅"内部表面所控制的红灯。通过按压内表面，你可以激活两个极点而使它们在闪亮的红光之中闪耀。灯光颜色和光纤亮度的调节都由一系列的感觉参量来控制：颜色序列是由来自因特网的所有的天气类型位图生成的。光纤亮度的减弱则被建筑物的功能节律调节来控制，这种功能节律调节依据一种由建筑物外部的天气条件和水位作为输入数据的运算法则而变化。除了颜色景观以外，感觉中枢还存在着声音景观。在聚碳酯的表皮背后，隐藏着一组扬声器。这组扬声器使声音灵活地在感觉中枢中移动成为可能。在同一个内表面上，由极点区域控制的灯光可以使你受到声音的感染。你可以通过按压内表面，或者将声音推至感觉中枢

的一个特定区域来为声音景观增加声音样本。感觉中枢的声音与灯光从松脆到明晰、从幽暗到狂乱不断地变换着。

Hydra

多功能体"Hydra"（希腊神话中的九头蛇妖，这里寓指多功能体）不断地改变着从其中穿过的光和声音。声音就像一门外国语言，你能够顺利地跟随其音节，但是它对于你来说它仍旧是不可理解的。"Hydra"是一个连贯体，它的多重线体从整个咸水馆中穿过，保持与游客相伴随的状态。它有时像一个建造物，有时像一个内表面，无论哪种状态，它总是通过光和声音的方式来传达信息。在"Hydra"的内部存在着一个由多种颜色的光纤电缆和每两米间隔一个的扬声器组成的系统。全部的光纤和扬声器都是被一个中央计算机独立控制的，可以根据游客的互动情况对变化的天气条件和预编程所设定的运算法则进行重新演算。

真实的时间

因特网

颜色环境所使用的基础颜色模式数据是由一种位图图像生成的。这种位图图像可以从因特网上下载，或

　　　　　　　　　　　　　　　　　　　　　　咸水馆

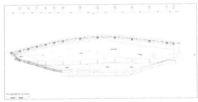

纵剖面

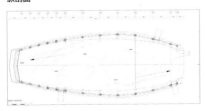

湿实验室平面

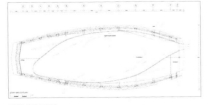

感觉中枢平面

使用一架数字相机进行拍摄，或者直接在Photoshop中合成。位图像素的强度将自动转换成可以被照明计算机——Avolite Rolacue Pearl所识别的色值。Pearl将持续地使用这一基础的颜色序列。

外部干预

咸水馆内部设有一个接收临近建筑物水位和风速数值的气象站。这些数据将被用来计算咸水馆的情绪因数。情绪因数保证了颜色环境的脉冲频率。如果情绪因数上升，则频率就相应地增加。情绪因数的方程式如下所示：$ef=0.7 \times (0.612 \times wl+1.79)+0.3 \times (3.057 \times ws+3.6)$，其中ef=情绪因数（$0<ef<8$），wl=以米为单位的水位（NAP）（$-1.79<wl<2.5$），ws=以每毫秒的传播距离为单位的风速（$3.6<ws<25$）。风速和水位是通过实时测量得到的，并通过东斯凯尔德海上的浮标传达出来。咸水馆中的一个海事部单元接收这些数据并将之传送到感应计算机。计算机根据上述方程计算出情绪因数并将之转化

成为一个数码音响信号。信号被传输至Pearl光学计算机并触发恰当的脉冲频率。情绪因数同时也被用来触发不同的声源，这些声源被当作总体合成的基础来使用。

内部干预

内部环境当中存在着被预编程和使用者驱动的干预方式。预编程的干预就是均匀存在于建筑内部的潮汐波浪以及气囊。潮汐波浪每隔数分钟就会淹没咸水馆低层的地板。在高位的潮汐来临期间，气囊被打开允许阳光注入建筑物。阳光压倒性的力量短时间内完全控制了整个光环境。这期间，人们才有可能通过咸水馆前端的窗户看到外界。当潮汐开始涌动的时候，一个信号会被传输至感应计算机来触发Pearl光学计算机，并将所有的颜色转换为亮白色，所有调光器的开关在同时也被触发。同样的信号也被传输到合成计算机，用来作为声音环境的输入信息，供两个使用者驱动的干预则是感应板和虚拟现实内表面，两者均为融入"Hydra"表皮内部的椭圆形冲浪状面板。感应板可以两向触压，通过向左按压感应板，咸水馆左极点121000瓦特流量的红色灯就被激活，而按压右边则会激活右极点121000瓦特的红灯。游客们可以通过感应板向Pearl光学计算机传输信号交替激活两个极点。声音环境同样从感应板接收数据，不同的指令激活了不同的声音样本，并开始在咸水馆的多扬声器系统中传播。

输入／输出

建筑物完整的行为系统包括了内表面、接收器、感应器以及其他输入设备。输入数据被咸水馆技术室的一系列计算机、转换器以及混合平台处理。输出功能则由放映机、扬声器以及可编程灯来实现。咸水馆是一座真正的交互式输入／输出设备，是一个能够进行实时变化的乐器体。

相似的世界

在波浪形地板的表面和感觉中枢的聚碳酸酯表皮两者的表面上，你都可以看到一系列虚拟世界的身临其境的映像。这些世界再现了水或者流动性的不同感受。这些世界是由两台O2计算机图形工作站通过感觉中枢，融合在"Hydra"内表面的卵形内表面得到的输入数据生成的。虚拟世界通过六台高辨析率的数据放映机投影到感觉中枢的表面上。这六个世界包括：1)冰——航海家缓缓地从大量的浮冰中通过。2)H2O——水分子集群从空间中流过，航海家可以随着集群漂流，并试着捕获水分子。3)生命——多种智能生物在虚拟空间中飘浮。4)气泡——一个环绕或通过航海家时，不断解体的流动性粘连体。5)流体——航海家被一道流体缠住，唯一的应对措施就是顺流体而行。6)变体——航海家在两种变换的天空景观中飘流。由于超广角的作用，云看起来匆匆流过。

建筑物通过这些虚拟的世界被扩展到虚拟的空间中，而实体空间继续天衣无缝地与虚拟空间相互交替。你通过这些世界为你自己的路线导航，因而积极地对声音景观和感觉中枢的多重色彩环境作出贡献。在感觉中枢周围行走的感觉宛如飘浮在一个永远在改变，永远不可预知的气候中。

摩托麦加

摩托麦加是一个集摩托运动、汽车运动、速度与设计于一身的实验空间，是为那些痴迷于将人与速度器械相融合的人而设计的，并明确地强调这是TT族的领域。摩托麦加也是TT族心中的摩托圣地，它相邻Assen的TT环路，可以鸟瞰整个环路。摩托麦加在互联网上是速度与能量方面活跃的中枢，它与世界上的体育赛事保持着直接的实时联系。摩托麦加把交易场、场景、工作间、设计工厂与访客连接在一起，联系着速度与设计的性感世界的不同方面。

摩托麦加的动感体验

摩托麦加的参观者将步入一个动感的实验空间，这是个让参观者步入能量、速度和运动的环形结构空间。它所有组成部分——当下的、曾经的、未来的、餐饮的、商业的以及教育的——都成为一个流动的整体，能量流充斥着整个建筑。摩托麦加是一种实验性的渠道，通过它不同的体验可以从彼此的速度、强度和主题的差别上得以区分。投射在隔板、地板和顶棚上面的虚拟现实带给参观者一种温和的刺激。虚拟的世界时而缓移，时而在参观者的对面迅速移动，参观者会觉得它处于速度的中心。参观者站在跑道上、凹坑里、车间里和工厂内。通过投影图像的尺度变换，参观者有时站在头盔的中间，有时在F1赛车的里面，或者在摩托车的极点位置上。虚拟现实和日常的现实彼此混合，将经验和动态的感觉掺混在一起。网络摄像头把在世界另一边拍摄的场景带入了摩托麦加的全球行动中。

正在进行中的进程

摩托麦加的动感体验中包含了临时的和永久性的展览。餐厅和酒吧也成为这种体验的一部分。饮食很可能是最缓慢的体验的一种（它必须适合消化的速度），烹调的体验至少会成为对背景中动感画面的一种舒解。速度、性感的设计以及高级技术的混合物从不会停止不前，外部环境永远处于一种流动的状态中。摩托麦加是一种持续的进程，一部温柔而生机勃勃的永不

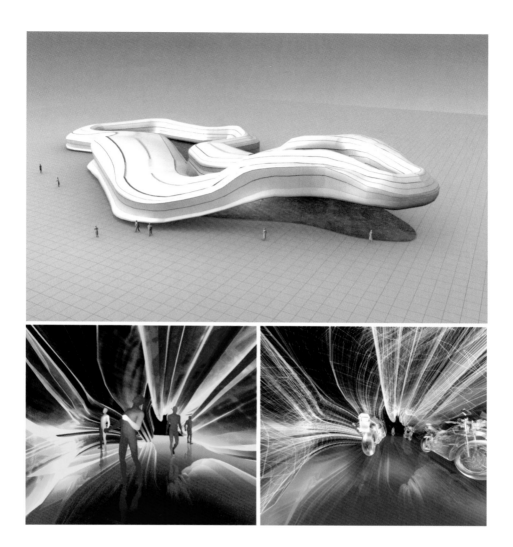

停止的机器，它无法抗拒的魅力在于：这里发生着事件，这里进行着表演，在这里我们将拥抱火焰——这是马达的荣耀之殿！这种体验必须是尽可能私人化的。这里的新的数字技术可以使来访者走进他们的英雄（罗西、凡·德·高尔博），这些英雄成为了有血有肉的活生生的人物。

基于时间的建筑

由于使数字化信息变得现实化比较容易，因此人们不会有置身于回忆过去的展览中的感觉。相反，人们将感觉与快艇、汽车以及飞机的速度和设计的实时性联系了起来。在其中，你会感觉到自己的努力以及成功

摩托麦加

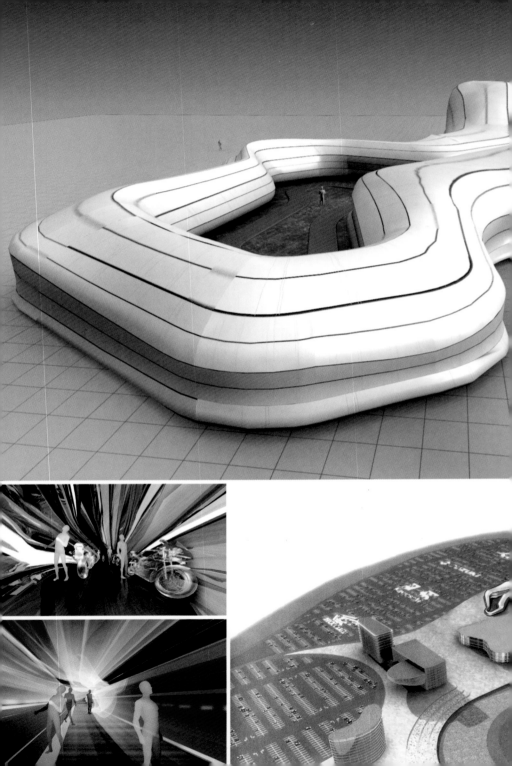

的收获，这些似乎都与当代的极限运动的乐趣联系在一起。摩托麦加实际上是四维的建筑，时间因素是设计体验和转换机制的重要组成部分。

分区

摩托麦加的占地面积大约2500平方米，循环路线大约250米长并且有多处交叉变换，体验隧道一度很开阔然后变小。在收缩（文丘里式的）的部位速度感增强，在开阔的地方速率迟缓下来，转化为步行者似的慢速。在酒吧部分，图像似乎停顿了——适应了消化时的速度。建筑被分为一系列的分区（确定选择与执行的处理器相关联）：历史分区、当前分区、将来分区、餐厅分区以及商业分区。在这样一个令人惊讶的体验组合中，夹杂着与发动机相关的体育、机动车设计、水上运动、太空旅行、溜冰（代芬特尔）、自行车比赛和田径运动（亨格罗）等。各分区没有明确的开始和结束，它们顺利地过渡到彼此。过去、现在以及未来像平行的世界一样同时存在。游客们及旅游团在回忆这些不同特点的同时也变成了这一体验的联合设计者。

摩托麦加规划

摩托麦加接受了虚构的GP环道形式。这种循环围绕着两个天井，它们可以按主题来安排使用功能。在中途，环道提供了抄近路的可能性。在天井中，有一条为孩子们设计的短小环道，当父母们在其中进行体验的时候可以同时看护着孩子们。

情态住宅

概念

情态住宅是一种完全工业化的，具有灵活可编程性、可拆卸的革新概念，它使家庭智能化成为了另一种意义上的焦点。整个住宅应当被定位为一个触及住宅与居住者、住宅与访客以及住宅本身元素之间情态关系的实验室。虽然目前仍然是一个未来主义的概念，但这种住宅在不久的将来必将被人们普遍地接受。

情态住宅只有在真实的建造中，并在可测试的情况下才是实用的。从广义的现实来看，情态住宅是一个测试项目。传统材料被不断涌现的内置技术扩增，住宅和家具的建造变得具有了可编程性，除了厨房以及卫生区域，每一样东西都在改变。情态住宅的形式是一个长形的可移动空间，其两端是充实的厨房和卫生区域，中空部分可被用作工作空间，也可被改变为用餐区域或者睡眠区域等。

十年以前，这样的主意会被认为是一个异想天开的神话，但是如今我们的确可以生活在这样一个空间当中。这个空间在其信息容

量以及形式上都是可以调节的。现实空间与虚拟图像的每一个组合以及(或者)信息的制造都将成为可能。那样的话，整个住宅将发展出一种完全自我的情绪，它将可以同时成为行动者和反馈者。在一群如充气梁、伸缩臂以及水压柱这类施动者的协作下，这种活动成为了可能。使用者的运动和天气的变化将由多样化的感应器记录，并被住宅的大脑转化为运动。这样，居住者与住宅的施动者将会发展出一套通用性的语言来支持互相之间的交流。

可编程结构
这个结构是一种介于软硬结构之间的编织系统。硬结构包括了厚重的实木梁，软结构则是木梁之间长形的膨胀室。使用这种方法，这些小室便可以任意地膨胀和收缩来赋予整个情态住宅以球体的形状。总体的建造过程被一种汽缸水压空间结构所控制，它们相互协助、跟随或产生运动。外部空间的硬结构被光伏电池所覆盖以生成电力。横梁被可伸缩的充气臂连接在一起。这一项目的技术挑战主要存在于可编程施动者与硬结构的编织系统，以及这些施动者的时间协作上。它们必须像一个协调的群集一样共同工作。需要被编写的脚本以一些简单的群集习性规则为基础。这些习性的数学规则是已知的，但却从来没有被应用于结构部件当中。

多人参与软件
卡西·奥斯特惠斯教授指导下的超体方案已经在可编程环境的情绪性反馈方面获得了大量的经验。这里的交互作用是由Virtools的游戏生成程序建立起来的。Virtools已经拥有了一个可以被用来在住宅内实时使用的多人参与版本。参与者即居住者、访客以及施动者们。能够决定交互作用的外部影响因素也是存在的。当外部与内部的影响都被住宅的大脑实时记录下来的时候，它也存在着多种的反应方式。反应将始终是一个在大量不同因素之间的综合性权衡。而这种综合性的权衡已经与情感本身具有了相似性。我们期许的是住宅特性的独立发展，而同时这个实验也暗示着学习以独立的思维在一种环境中生存。

情态住宅

寄生虫

具有实时反应特性的智能雕塑

寄生虫是一个为R96媒体欧洲庆典巡回活动特制的智能物。它是一座核心连接到万维网的膨胀体雕塑，内部则是一个网络休闲空间。寄生虫是一个具有实时反应特性展示的雕塑：它的灯群每隔半个小时就会在慢慢的闪烁中亮起，并伴随着深层空间中戏剧性的碎裂声。寄生虫嘟囔着它自己的语言，这些独有的语言由欧洲各地的作曲家和视觉艺术家开发。我们并不能直接理解寄生虫在说些什么，但我们绝对是在见证另一种文明的实例。寄生虫在至少四个欧洲城市逗留期间，将被用作为艺术家、建筑师以及作曲家们的野外工作室。他们将会把寄生虫从网络中吸纳的信息数据进行转换。当地的具体信息构成了寄生虫的一顿美餐。作曲家们将为寄生虫发展出一门语言、一种介乎于词语与音乐之间的东西，通过程序编写、取样以及数据转换，每个城市都会将其特有的东西提供给寄生虫以支持其语言生成。寄生虫将变得越来越智能，也越来越美丽。一年之后它返回位于荷兰鹿特丹的饲养场，在那里它将展示在这次欧洲巡游之中所学习到的东西。

寄生虫

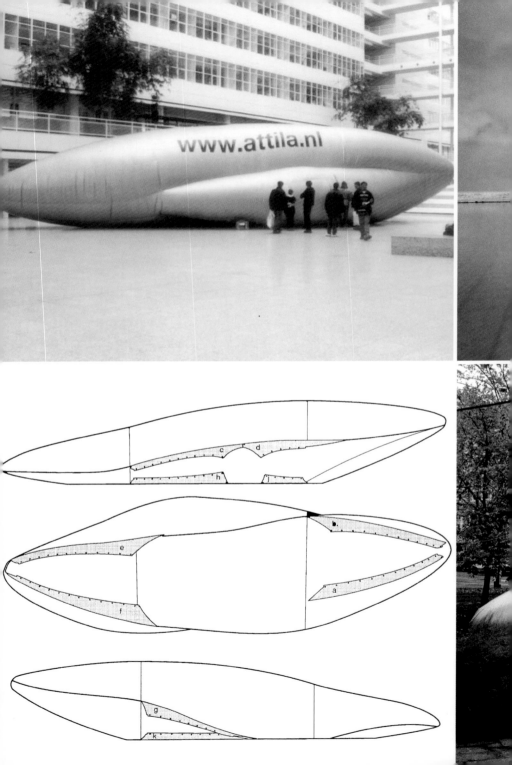

图形构想

造船厂中的竞赛场地上老起重机水平向的滑行杆蕴含了这块场地的精神,是这项设计中的关键。怎样才能抓住这种精神呢?怎样才能以新型移动建筑物的形式来对这块老场地作出贡献呢? ONL提出了这样的想法:将起重机曾经在使用过程中的反复前进或者后退动态运动过程捕捉下来,并且捕捉住行驶的小船在多瑙河中动态的流动过程,通过这样做他们希望能够捕捉住河岸边滑轨的本质。建筑师设计了这样一座大楼,它可以沿着现有的滑轨前后移动。这些新的要素——包括椭圆形的笼状结构、圆角的黄色玻璃盒子以及室内的云状物,他们会彼此各自连续移动。它看起来似乎是"无穷动"的,这与天然气的能量生产相关,而对于发明家,它有自己的"无穷动"版本。这些被单元化了的新型可滑行结构使特定的形态为特定目的而服务。不同事件之间,结构可以被当地的或者通过网络连接的全球使用者自由移动,似乎是在随机移动,像天气一样无法预测。

被移走的老起重机遗留下的滑轨承载着此地的场所精神。我们希望在可能的情况之中,尽量不改变这些水平向的滑轨,并且将新建筑装配在滑道上面。新建筑可以在滑轨上自由地滑来滑去。计划中能够在两条现存的混凝土滑道上滑来滑去的建构要素包括: 1)开放性的椭圆形笼状结构(60米长),在有一定距离的情况下对其他所有元素进行遮蔽; 2)黄色玻璃盒子(420平方米),包括多功能会议空间; 3)云状功能组团(每个50平方米),包括洗手间和厨房; 4)紧凑的信息媒体管道(6米长),可以为形成一种虚拟环境而折叠。

从外到内,它的展示形式从图形逐渐过渡到了软件媒体。计划的图形软件公园会议中心是以相同中心取向的不同层构成,从一个虽然坚硬却是开放的外部壳体结构发展到一个更加柔软、可编程且具有虚拟现实性质的私密的内部空间。

所有可移动的元素都将持续地以其特有的方式移动,总是处在从一

种配置向另一种配置的转变过程中。在某些时候需要进行一些特定的配置调整，这时那些滑动的盒子会相对稳定一些。建筑师预置了一组可编程的建筑模式：1)会议模式；2)派对模式；3)餐厅模式；4)工作室模式。初始状态(即所有元素都处于中间位置时)是一个例外的构造，这种状况在实际中永远不会发生。这样一个非静态的建筑，永远处在移动状态，即使仅仅移动一点点。ONL的可编程自由移动式建筑像一个由使用者操纵的建筑乐器，它看起来是活的。

多玩家参与的游戏

事实上，每个元素都沿滑轨移动，包括主要的建筑体、阳光场地、门、内部的云状物以及媒介管道。它们持续地以缓慢的动作移动着，仿佛一座旋转餐厅。可编程的自由伸缩建筑被功能需求、气象条件、客户以及来宾的个人愿望实时操纵着。建筑的移动看起来像一场温和的比赛，在其中，人们和其所处的环境竞争着。这场比赛是多人参与的，也可以通过互联网进行，只要他们在网络上，该处的选手可以与全世界的选手进行比赛。通过创建这个套叠的实时可编程性建筑，ONL为图形软件公园会议中心设想了一个合适的标志性建筑。

图形构想

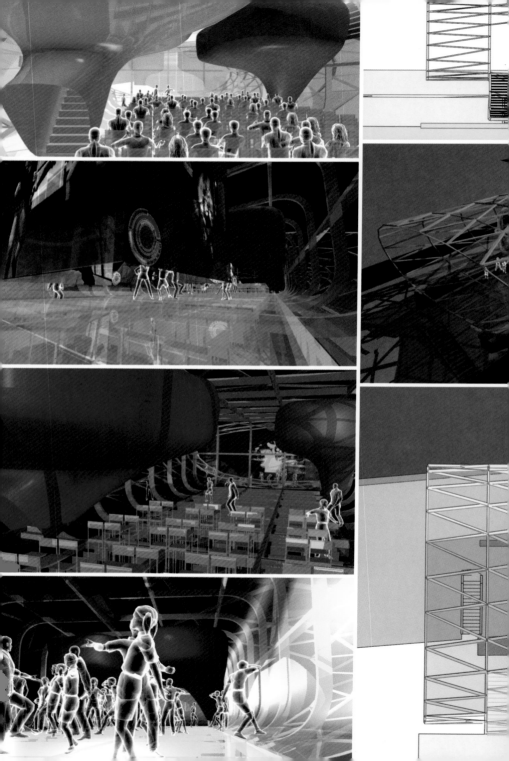

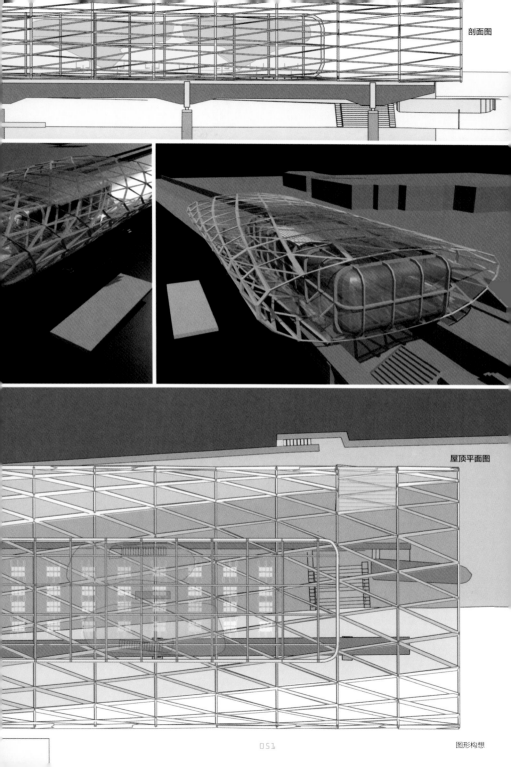

剖面图

屋顶平面图

图形构想

02 ✕ ONL本源
ONL Generic

新的空间概念正在挑战建筑历史上基于笛卡儿原则的 "轴对称性、对称性以及匀称的层次性"等观念。甚至，从机械化向数字化的转化范例对重复化以及现代建筑的标准化系统组织发起了挑战。它引入了不重复的差异化设计概念，通过数字技术发展、设计以至于建造。

ONL的设计和制造过程建立在三个主要方面：（1）形式发现过程：风格；（2）从文件到工厂：数字设计和建构；（3）实时行为：可编程建筑。

1.形式发现过程:风格

ONL的形式发现过程是一个混合的过程。它依赖于各种概念和技术，并复合在数字化和非数字化的媒介上：样条曲线和手绘曲线、三维计算机模型以及物理模型在创作的过程中得到了互相补充的应用，数字化设计以及反向的工程构造架构了这一进程中的绝大部分。数字化设计意味着基于计算机的设计，而反向的工程则代表了这一过程的逆向操作。它暗示了从物理到数字化的转变过程。物理模型的三维扫描紧跟着软件的转化进程，并指引扫描后的模型再生为数字化的三维模型。这些技术的互补性应用在北荷兰网项目的设计进程中表现了出来，这一进程开始于一个自由形成的数字模型。电脑数控加工技术引领了随之而来的形式上的试验，比如利用传统技术来调整形状，而随后，通过反向的工程来启动数字化的操纵，并将物理模型转译为数字化模型。在这一过程中，为了定义一个通用结构，一个二十面体被描绘在NURBS曲面上。在依据空间和外形的需要旋转和变形之后，被扭曲的二十面体表现出了一个初始化的结构模型。它建立起了一个空间矩阵，并为数字化制作提供了进一步的CNC（计算机数字控制）数据。

2.从文件到工厂

从文件到工厂指的是从设计进程到成品制造的无缝融合：包括从三维建模软件到CNC机器的直接数字化转移，使用了基于计算概念的数字化设计和制造策略。

2.1 数字化设计
ONL的设计项目主要依靠计算的概念。概念的第一点意味着连续曲面几何和表面被数学化地描述为NURBS：非常规的理性B形样条曲线，第二点是基于参数化设计，第三点指脚本和编程，而计算概念的第四点指的是基于动感的运动力学特性。
2.1.1 B形样条
自由手绘曲线和B形样条曲线都具有自由形成的相似的复杂形

状，这种容易通过操纵控制点来控制其形状的能力指引了外形方面的实验。比如，在隔声屏障项目中，B形样条曲线建立了建筑的几何形体。它们遵循着高速公路的轨迹序列，并使得一个相对光滑的线弯曲形成了突出部分，即座舱。

座舱作为隔声屏障的一部分，根据一种规范性的设计并通过扩展线条间的虚拟体积来生成，座舱的长宽比为10:1，从而在120km/h的通行速度下还保持着光滑的外表。

除了NURBS类几何体，隔声屏障和座舱也用到了参数化设计和作为计算化概念的脚本编写方法。

2.1.2 参数化设计

参数化设计，指的是确立如$1=x_2/a_2+y_2/b_2$这样的参数化定义来描述一条二维曲线。当任何一个参数在改变时，模型都会重建，以表现新的结果。参数化模型再现了一个编码设计再生后的重新配置。

为了给隔声屏障的NURBS表面建立一个参数化模型，依据程序，通用结构模型的相交生成了一个点群集。点群集再现了一个参数的建立过程：它描述了点集合成的体量，并且在它们之间建立了空间关系。在这些点当中，结构和表皮通过脚本的形式产生。

2.1.3 脚本和编程

脚本和编程建立在用有效语言编写的类似于管弦乐编曲的简单程序上，通过一系列的指令使得计算机可以实行一个预期的操作序列。在隔声屏障这一项目之中，几何形体建立在一些MAX脚本的列序之上。

2.1.3.1 第一条脚本加载了包含点群集合的文件（DWG）。它建立了钢结构的轴线，然后在点阵之中生成平面，并定义了形状和玻璃面板的位置。

2.1.3.2 第二条脚本生成细节化的玻璃和钢结构的三维模型。

2.1.3.3 第三条脚本正在开发：它将校验由前两条命令产生的三维模型，添加诸如最大容忍值的约束条件，并且有效地取代不完善的部分。

最终，由脚本产生的数据被直接传送给钢和玻璃的制造商，以供进一步的激光切割等数控处理。

2.2 数字构造

数字构造与CNC技术相关，它指的是从三维建造模型程序向CNC机器传送，并将其应用于格式化的加、减法技术。它们能够让小比例模型和等比例建筑组件直接从三维数字模型中生成。

为了生产小比例的模型，ONL分别使用加、减法技术，比如三维打印和CNC打磨技术。减法技术被用在材料上的削减进程中，例如多轴切割，机器完全是由计算机控制的；加法技术用在层层添加材料的过程中。至于其中之一的三维打印技术，它是使用陶瓷粉末和粘合剂，应用在胶合层的选择性添加进程中生成物理模型，最后那些多余的蓬松粉末被从模型中分离出来。

利用快速成型技术产生小比例模型之后，再使用激光切割的CNC技术。ONL不仅通过访问网络上的普通数据库与制造商建立了直接的通信和数据传输联系，其中来自三维模型中的数字化数据也可直接控制CNC机器。

数字化制造允许多样的、不重复的设计。它意味着大批量定制的概念能够通过数字化控制的多样化和序列的区别，使非标准化建筑设计系统得到发展。

大批量定制的概念在Variomatic项目中得到了反映，它是基于网络的居住类项目。它支持在特定约束条件下的个性化设计，这时建筑的体量、形状、材料以及出入口各不相同。它的网站www.variomatic.nl提供了一个对客户的互动界面。当几何体中发生实时变化时，顾客便成为设计进程中的积极部分。最终的设计被转化为工业生产所用数据，而合作生产过程的参与者就可以从网络上的公共数据库中获取使用数据。

数字化制造允许基于局部变动和差异化的连续化生产，合作化设计以及合作化建造通过互联网络让参与者进行沟通和合作，这样可以开发个人化的设计和生产定制化的建筑。由于客户、建筑师和制造商之间建立了直接联系，合作化设计以及合作化建造的过程被证明是有效的。它省略了几个工业生产过程中已经被证明是不必要的重复步骤，比如二维图纸绘制（建造文件）的产生。并且，设计的产生可以根据客户的需要并通过互联网络上的互动软件来实现。

ONL创造了为合作化设计和合作化建造进程服务的平台，不仅在设计进程中利用NURBS几何体和参数化设计，还在双曲表面这种复杂形状的设计过程中引入了脚本和编程。这不仅允许根据脚本自动生成建筑组件的三维模型，并且允许自动生成数量和质量数据，以控制组件的CNC制造。

2.3 建造策略
为了适应双曲面的要求，ONL使用特定的建造策略和概念，比如结构性表皮、多边形镶嵌式铺装、通用细部以及复合材料。

2.3.1 结构性表皮
作为一个建造上的概念，结构性表皮意味着表皮似的几何体，比如双曲面可以起到结构的作用，因此可以实现自身支撑。结构性表皮的建造性概念与表皮和结构相分离的现代观念是对立的。

2.3.2 多边形镶嵌式铺装
它是指从曲面到平面的变化，从双曲面到平面，然后实现二维的后续提取。总体来说，NURBS曲面转化为一个平面指的是基于表面细分运算法则的自动镶嵌铺装进程，它提供几个由计算机生成的铺装选择。ONL发明了一种不同的策略，使得NURBS曲面转化为多边形结构。它首先将NURBS曲面与普通的结构交叉起来，以

隔声屏障：NURBS模型

隔声屏障：点群

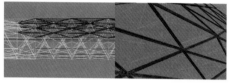

隔声屏障：钢-玻璃结构

可变自动住宅：网页

创造点的集合。这些在等距直线的交集中产生的点——定义了相同三角形的图案——在NURBS曲面建立了一个空间矩阵。结构和外包通过脚本从这些点群中建立起来，点群集合为通用细部的发展建立了一般条件。

2.3.3 通用的细部

通用细部的概念基于这样的原理：在建造组件之间，正如传统建筑之中我们都知道的一样，垂直和水平的元素——墙和地板——并不分离。在根据总体需要而发展出来的通用细部之中，特定的细部根据局部规则而发展出来。例如，WEB项目（在荷兰北部）表皮中的三角形就符合通用细部的概念，这意味着单独的面板虽然都是三角形的，但每个都有自己的大小和形状。即使元素是相同的，虽然它们是"通用的"三角形，但也全都是不同的，因而也是特别的。"一栋建筑，一个细部"，正如奥斯特惠斯（2003年）所提出的从通用组件发展到特殊化建筑组件的开发原则一样。

2.3.4 复合材料

由多种成分组成的复合材料展示出来了不同组件的属性，并提高它们的性能。比如，用在荷兰北部的WEB项目中的2毫米厚的复合铝材料面板，都是由两层非常薄的铝板夹合聚丙烯核心来组成的。通过在三条边的中点处加固三角形，然后再用"Ω"形的扣件在三角形的边缘上加固，使得面板可以紧挨着曲面的几何形体。

2.4 结论

NURBS依赖于非欧几里德几何学。非欧几何学基于不同于欧几里德的公理——在欧氏几何中所有的事情都在平面或者空间中发生。非欧几何研究了凹、凸曲面上的线和点的属性，但是欧几里德平面把曲率为零的特殊情况除掉了。新的空间概念则正在挑战建筑历史上基于笛卡儿原则的"轴对称性、对称性以及匀称的层次性"等观念。甚至，从机械化向数字化的转化范例对重复化以及现代建筑的标准化系统组织发起了挑战。它引入了不重复的差异化设计概念，通过数字技术发展、设计以至于建造。

ONL基于非欧几何学，利用数字设计和制造，实现了全新的空间概念，并且通过借用为电影、汽车或飞机工业设计的计算机程序提高了他们的设计工具的性能。虽然这些计算机程序并不是特别为建筑师所设计的，它们在编程方面还是很合适的。

ONL也开发了自己的软件工具，为了创建包含所有设计中和建造中的数量上和质量上的数据而建造的计算机模型（自定义设计工具），通过对最终对象编程而实现目的。作为信息唯一来源的是数字化模型，ONL通过网络建立了一个面向建造过程中大量群体的合作化生产平台。

ONL也发展出了可编程互动式建筑的原型，与代尔夫特理工大学的超体研究小组一并进行基于未来的研究。

3.实时行为

实时计算意味着那些能够在几秒钟反应时间内执行输入／输出的应用程序和系统，可以在百万分之一或者千万分之一秒之内作出反应。

例如传输港项目是一座可编程建筑。它根据传输港网站上的实时输出数据来改变形状和内容。电脑控制的水压机连接着球形节点，形成了一个积极的空间框架。框架的移动被计算机程序控制，实时计算改变了形式，并且将相应的指令发送到气压缸上。

基本上，互动建筑是基于超建筑的概念的。就像超文本（HTML）一样，超建筑建立在实时联系上：超文本通过互联网络连接了全世界的使用者，而超建筑在建筑和它的使用者之间建立了联系。基于互动只能在两个活跃部分之间发生的假定，一个活跃部分是使用者，另一个则是建筑。超建筑需要对实时重新配置自身的特定要求作出反应。

超建筑不仅是活跃的，并且是主动的，可以预料发展趋势并且提前采取应对措施；通过互联网络与世界连接，通过用户界面与用户连接，超建筑持续不断地实时处理自身更新的信息，反映了实时行为。

3.1 计算概念
实时行为意味着一个（附加的）计算概念：动作的运动力学原理，它指的是基于动作的建模技术，诸如前进和翻转的运动力学原理。

基本上，运动学的研究不考虑体积和外部的受力，而动力学则要考虑体积、弹性以及物理力量如重力、惯性等。在这种条件下的设计工作需要提供一些新的可能性，如模拟人的行为以便于设计出针对这种行为的建筑设施。互动空间的重组和重新配置是互动性建筑的典型特征。

3.2 计算过程
由代尔夫特理工大学的超体研究小组发展出来的原型空间指的是一种基于网络的多用户环境，它依赖于以下计算过程：（1）虚拟现实，（2）合作化系统（团体决定系统），（3）三维游戏编程。

3.2.1 虚拟现实描述了被计算机模拟出来的一种环境。虚拟现实环境主要是视觉上的体验，或者在计算机屏幕上展示出来，或者被投影在空间上的平面。通过像键盘一样的标准输入设备，或者是像互动界面一样的特别设计的设备，使用者可以互动地操纵虚拟现实环境。这种模拟出来的环境可以和现实世界非常相似。

3.2.2 合作化系统依靠于共享虚拟空间的概念，在其中合作化的参与者同时或者不同时的在同一项工程中操作。智能引擎在这个共享空间中存在，并通过提供自动化服务而支持参与者的活动，比如检测设计变化和自动地将变化通知参与者。

共享空间的本质是一系列的数据库，它包括与项目有关的信息。数据库包括：（1）建筑的三维模型；（2）包含和管理通信信息、合同的文件管理系统；（3）讨论平台；（4）一个共享的数据库，为团体提供所需要的应用软件。

原型空间作为一个研究工具而运行，不仅提供设计表现的方法（比如穿越、飞越等），还提供设计开发的方法（比如三维建模、技术性能分析、模拟等）。原型空间是一个空间媒介，使团体决定系统（GDS）参与到计算机支持的合作工作（CSCW）中，在与拥有特定（以及非特定）知识的个体之间发生交流之后，它才能够使协作化决定起到作用。原型空间中设定了四种专家：设计师、工程师、经济学家和生态学者，这意味着他们的意见在同一项目中，在某些方面存在着差异。

3.2.3 （三维）游戏编程
这种编程是基于虚拟工具的，虚拟工具是一种创造交互式三维应用程序的平台。它用于创建多用户应用，建立数据库的连接并保证自定义组件之间的衔接。虚拟工具的生成行为服从于与动作的数字化运动力学概念相结合的物理学基本原理。这允许对复杂动作的精确定义和编程。VOR（虚拟操作间）作为一个原型空间之中的分项目，在研究如何建立一个可以回应外部的（气候）以及内部的（用户）的系统命令的适应系统，并且作为在参与者之间处理事务和信息流通的空间。为了开发一个自身的动力系统和实时重构，VOR依靠蜂群的自身组织原则。为了分析蜂群行为，结构元素彼此间进行交互作用以回应环境变化。

"蜂群建筑是基于所有建筑元素像智能原动力一样运作的想法（奥斯特惠斯）。"不过蜂群的自身组织形态是非常有趣的：它可以追溯到Reynolds关于蜂群行为的研究。他创建了一个计算机程序，这个程序模拟了鸟群聚集的行为。鸟群移动的规则是简单的：相邻之间保持一个最小的距离，和相邻者保持相同的速度，并且迅速向蜂群中央移动。这些规则都是建立在每个成员与其附近成员关系行为上的。而群的等级化是自上而下成立的，他们会有组织地保持相似的形态（Allen）。

与Reynolds的群规则相似的VOR则建立了关于它的顶点的运动规则。VOR的初始状态是一个被称为二十面体结构的网状内部结构，其顶点运动状态是由以下规则所控制的：
（1）顶点与其邻居（顶点）保持一定距离，如果你离得太远就快点向它移动。

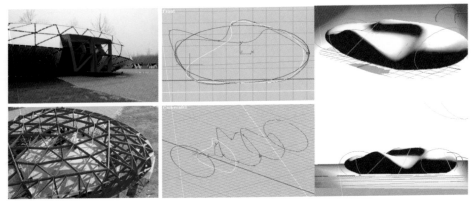

北荷兰网：结构和表皮　　　　　传输港：运动法则

（2）顶点与其邻居的邻居保持一定的距离。如果离得太远也加快向它移动。这些规则是为了建立一种渴望的均衡状态，意味着VOR希望将自身组织为二十面体。在外部的影响下，VOR依据第三条规则执行空间几何学的转化。

（3）与化身保持一定的距离。化身在多用户的虚拟现实中代表一个具体用户。VOR作为一种多用户的虚拟现实，是一种对想象中的系统（游戏）的计算机模拟，它在模拟系统中可以使用用户执行运算，并且实时展示出其效果。VOR代表了作出响应的几何体，这个几何体对游戏玩家的动作作出实时的反应，而化身则代表了游戏的玩家。

基本上，VOR由三部分系统组成：淋巴系统、净化（肾）系统以及大脑。在各个作出响应的系统中，使用者通过指向、射击以及杀死细胞而互动。与此同时，输入装置是一根允许直觉（运筹和）导航的操纵杆。分数反映出的点数的总和来自于使用者捕捉细菌的效率，例如在淋巴系统中的操纵。在游戏的最后，成功的用户为治愈自己而感到庆贺。

几何体（在头脑）中的变化依赖于GA（遗传运算法则），实际上这是指搜索工具。它们已在科学和工程学解决问题时得到应用。遗传基因被解码之后，遗传运算法则创造了一系列的基因组，然后在种群中得到交叉应用并且自体繁殖，并产生了新的个体。这些技术应用在这个案例里，并按一些规则来开发复合的设计，比如"根据未来的使用目的调整构件的数量和大小"（奥斯特惠斯）。

除了几何学上的变化，VOR在三维游戏软件中开发出了互动行为模式。基本上，VOR使用自身诊断和自身治疗的游戏概念，它的目标是治愈代表化身的病人。例如，游戏开始于基于三维电脑断层摄影分析出来病人的健康状况信息。根据诊断情况——在这一癌症病例中——治疗方法包括毁灭生长中的癌组织，最终目标是完全治愈。

结合虚拟工具的三维游戏编程不仅在VOR中得到应用，并且在MUSCLE这一项目中也得到了应用。这一项目是可编程结构的建造原型，它实时改变形状，并受到与缠绕在膨胀体上的72块可编程肌肉相连的虚拟工具软件支配。可膨胀物内部的压力和扩充肌肉上的张力根据设定的行为而改变，这种行为显露为三种不同程度的活动力：（1）疲倦的（低活动力）；（2）开心的（高活动力）；（3）紧张的（亢奋活动力）。MUSCLE活动力的程度与来自邻近人输入的信息相关联。

关于技术和组件：充气的肌肉是有收缩性的软管，它通过气压可以产生最大6000牛顿的牵引力，即600公斤的力。气压由可编程开关控制着，在独特的条件下肌肉被激活。肌肉群可以共同执行复杂的运动，比如扭曲、跳跃和爬行。

MUSCLE的运动，实际上是与周围外部人们移动的输入进行互动：动感屏和靠近的红外传感器在附近检测人们的运动，当可触传感器发现更强的反应时，会促进MUSCLE作出轻微的反映。

3.3 结论

ONL不仅开发出软件（VOR），并且为可编程互动建筑开发出了物理原型（MUSCLE）。ONL的最终目标是开发出一种建筑，通过互联网络与世界相连接，通过用户界面与用户连接，它可以回应用户自身的实时改体需求。它不仅回应了使用者的需求，并且主动地参与沟通和改体的过程中去。

文章译自卡西·奥斯特惠斯(1)、H·比尔(2)、C·阿勒贝斯(3)、S·布尔(4)的文章*ONL Generic*，有删改

垃圾转运站 / "头部"、"躯干"和"尾部"

通常，诸如大厅、办公楼和净化植物这些不同的功能体总是
散落在整个建筑场地的各处，但本项目中ONL将所有分散的
建造元素集合在一起来构造一个大的建筑体。这个建筑体包
含了头部、躯干与尾部。智能的头部作为过磅员的办公室，
这里有计算机、网络以及控制的中枢。垃圾处理的过程事实
上发生在躯干部分——一个被遮蔽的大空间里：在这个空间
当中，垃圾被区分开来倒入斜道，然后被送入大的垃圾倾倒
车运往垃圾山的各个分配区。躯干部分是未经加工的材料被
消化的地方。最后，过滤单元设置在建筑体的尾部。废水与
废气通过一个独特的管道系统被引流回过滤单元，它们经过
净化再被输送到公共网络当中。建筑体部件通过自身的交替
来修正它在体量与功能特性方面的变化。整个建筑体在其躯
干的中部达到体量的最大值；越靠近头部它就越狭窄，进而
变得细而紧密。建筑形状的启迪来自于生物体的生长，这些
生长过程展现了不同生物体器官之间的流动性转化，诸如汽
车与轮船这样的工业体也展示出了同一种特质。建筑体的设
计完全是在数字空间中进行，并通过三维模型和布尔运算操
作进行推敲的。在实现这一构想的过程中无处不存在着与三
维模型的直接联系——从构件之间的组合，到钢结构以及铝
质表皮的工业化生产。在细部上，总体的流线型是通过连续
贯穿头部至尾部的线条来强化的。整个建筑体舒适地拉伸开
来，并被柔和地嵌入这个舒缓的景观化地形中。

在设计意向中，业主Regiog Twente要求建筑师设计一座可以变更的建筑——在需要的时候可以作为体育运动设施或是文化中心来使用。业主愿意为此在通常的建筑结构投资额的基础上再增加10%～15%的预算。这部分增加的款项被用来使建筑与垃圾运送车的日常路线融入现存的景观当中，以表达废物处理过程的周到；同时这些钱也用来支付建筑物次要功能的花费。

1）过磅员与其他职员一起被设置在整个建筑的智能头部。这一点被业主作为设计概念的一项重要的社会性特点，否则过磅员就会被孤立在大型垃圾运输车之间一个单独的小仓库之中。

2）这座建筑作为一个整体，以一种柔和的态势综合了处理过程的不同角度。这一点被认为是在景观规划和建筑两方面取得的重要成就。整栋建筑包含了头部(智能、人员、计算机)、躯干(事实上的垃圾转运站)、尾部(水气处理站)，并且如一个大的有机体一样以谦逊的态度融入园林当中。

3）建筑对公共道路隐藏了其自身的功能，并将这些功能向垃圾山开放。通过这样的方式，公众就不会直接面临处理过程中肮脏的一面，同时处理过程因会被压缩而变得有效率。尽管垃圾站周边环境中的人们反对废物处理过程的出现，但他们却对于建筑物柔和的外观感到欣慰。

4）十五年以后这栋建筑物将完成它作为一个垃圾转运站的初步使命，将会被改造来满足其他需要。业主对于建筑师将未来可能的二次使用与设计概念融为一体感到尤其的欢欣。这栋建筑面向垃圾的一面可以轻松地关闭起来，然后转变为体育运动场馆或者流行音乐厅等其他新的功能设施，而室内空间将会完全不存在阻碍整体改造的结构元素。

5）将一个垃圾转运站嵌入一个柔和的园林是一个具有政治性困难的过程。建筑师的典雅设计作为一个政治性脆弱局面的完美解决方案，被当地社区代表热情地接受。这一设计远远超越了原本有可能成为一座大而生硬并且功利的功能性遮蔽物的设计。业主Regiog Twente的目标是提高硬件设施的建筑质量。业主目前正在成功地提高其公司的形象，而废物处理已经越来越被认为是一项高科技的工业工程。

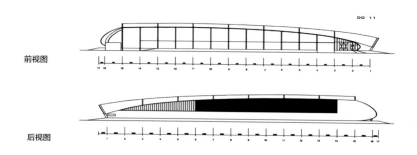

前视图

后视图

垃圾转运站

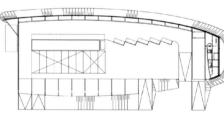

最终方案

左视图

右侧视图

垃圾转运站

昆士兰现代艺术画廊

在布里斯班，一艘太空船进行了一次软着陆，立即开始与布里斯班当地人和当地的状况进行交流。哪个物种在操纵这艘太空船?这些人带来了什么?他们想从我们这里拿走什么?太空船来到了昆士兰人中间，给他们提供了进入环球文化的视角，希望谈论来自世界各地的艺术家和艺术。同时，它要吸收布里斯班的特质。飞船依靠当地能源，并且试图最大限度地有效依靠当地资源。如果失去与布里斯班的强力联系，它不可能存活下来。它从当地社区中吸取数据。为了保持很好的自然气候控制平衡，它将自然植被引入了室内空间，使用太阳能。

智慧建筑体

建筑师希望将昆士兰现代艺术画廊描述为具有智慧、技巧以及对文化(在人造环境中)和自然(即在人文的环境中)的重新定义。坐落在库瑞帕山顶的昆士兰画廊，它俯瞰周围，令人印象深刻，但却是一个有着友好姿态的物体。它有着如同船只一样光滑的、基于空气动力学的矢量化身体和腹部。它的周围产生了一个非正式的隐蔽区域，定义出新的斯坦利街和广场的边缘，而它的背角变成了城市的信号灯，从千年广场到莫塔格路都可以很清楚地看见它。它的角落随着数字信息亮了起来，这是ONL和嵌入式智能的第一次接触。太空飞船以熟练如外科医生

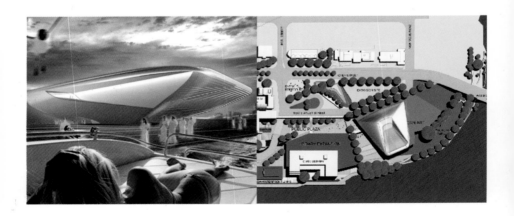

的精确技巧实施了它的着陆，它在此处以执行任务的方式提升了这一地区的品质。

实验电影院

在这个现代美术馆之中，最独特的是它引进了一个新的项目，一个扩大现代艺术词汇和媒介范围的实验电影院。这个美术馆的工作人员使用实验电影院作为传播他们真实的积极文化理念的一种方式。实验电影已经深深融入了这个铝壳体太空船中，像一个生命有机体一样，一种占据了太空船的生活方式。它的触角已经像叶脉一样散播到需要处理的数据空间中，从文化和自然的关系中得到养料——太阳能、水分、风、昆士兰人以及访问者。

能量和自然植被

太阳能是从屋顶上搜集而来的，并且被用于实验电影院的能量消耗。信息以及结果通过实验电影院的使用而获得，然后通过诸如计算机终端、电影屏幕或者投射到建筑表皮上的投影仪这些触角传输到建筑的其他部分。这种生命形式改进了我们的传播容量。屋顶上收集的雨水在实验电影院的实体周围得到贮存。它的液体薄膜被灌入灰白色的水，像转换点一样在船只的内部进行热冷却循环。你可以看到沿着船只的边沿有着大型的风能采集架。空气通过实验电影院的流体薄膜而流通，而后经过热冷却贡献给空调系统。自然植被产生氧气并且消耗二氧化碳，由此清洁并且使空气系统的空气富于养料。为了这个目的，我们需要快速生长的植物。其中，大厅、办公空间和咖啡区域可能会依靠季节性的自然空气流通。

步行穿越

空间格局是竖直排列起来的，大厅占据了整个一层。沿着斯坦利大街，有三层的办公室和辅助功能区。与其平行的储存空间在提供程序化连接的同时提供了视觉连接，并且占据了船的内部空间，在其中自然光并不是非常重要的。实验电影院成为了整体的心脏，悬浮在入口空间中。整个画廊空间和咖啡厅一起处在顶层，船头是商品推销和社交的集合功能区，这里有可以看到河流和城市的最壮丽的景观。

U2塔楼

U2塔楼坐落在利菲河畔，作为一座信息和通信技术驱动的情态建筑，标注了都柏林港口开发区的入口区域以及它目前的更新状况。这一设计将静态体量转化成为了一个具有活力的结构，并暗示了港口地区的历史性以及现代的复兴。

垂直的塔楼与水平向的建筑体块被看作一个复合的整体形态，反映了上部和前部强健的力量。上部包括了U2工作室和一个全明星酒店，而前臂部分则容纳了餐馆、大型音乐商店、会议设施、大型咖啡厅以及试验性公共录音室等公共空间。

U2塔楼的屈承力延伸到地下层。大楼的下部被植入了一个矩形停车场。从地下部分设置的一个或多个音乐俱乐部的内部向外望去，就能够看见停泊在周围的车辆。

五彩缤纷的彩灯通过一种奇异的物质——金属壳与玻璃覆盖层之间的夹心——来随时改变颜色。U2波段输出并接收来自其他终端——为未来的波段所开放的工作室，以及流行音乐播音员和主持人的丰富多彩的脉冲信息。U2塔楼的设计目的是在已知与更多未知的都柏林人之间建立一种电气化的对话。大楼上部的全明星酒店附带的U2工作室与前臂的公共商业空间之间生成了一个连续并流通的内部空间。楼梯间与观景电梯在视觉上严格区分开了顶部，并强调U2工作室与尾部的公共开放工作室空间之间的联系。

受到了现代产品设计启发的新型数码技术被应用在三维流体设计上——包括创造一种建造U2塔楼的可行方式。通过工厂参变量档案，建筑构件的变化与差异都可以在一个合理的预算内得以实现。

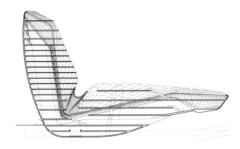

结构纵剖面图

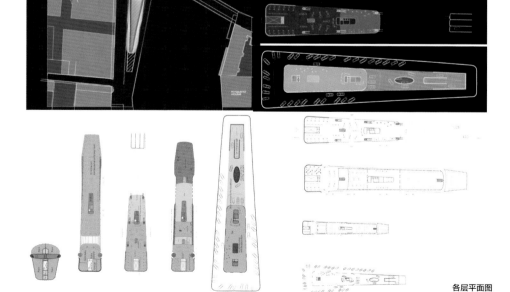

各层平面图

U2塔楼

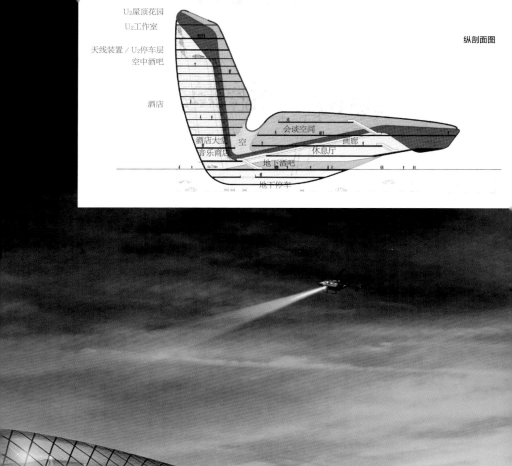

U₂屋顶花园
U₂工作室
天线装置／U₂停车层
空中酒吧
酒店
会谈空间
酒店大堂　　空　　　　　画廊
音乐商店　　　　休息厅
地下酒吧
地下停车

新艺术博物馆 / 瑞士，洛桑

洛桑是一座喷泉之城。博物馆的入口处就陈设着现存的古典喷泉，而其左边则是一些呈网格分布的互动式喷泉。当游客接近这近百个喷泉中的一个时，水就会停止流动，仿佛这水是被行走于网格上的脚步所切断。

滨水建筑

洛桑新艺术博物馆是一座滨水建筑。整栋建筑给予游客一种站在水边缘的体验。码头被加大，以容纳一个位于西侧的引人注目的海滩。这栋建筑没有阻挡来自博物馆以外的公共通道。在博物馆的内部，公众被升降机送至大楼的"鼻"部，这里能看到环绕大楼四周的群山与湖的全景。

渐进式远景的展览空间

永久收藏品的展示空间被构思成一系列不同高宽的半开敞房间。每一个新的空间都是对于前一个空间的渐进式转变。穿过整个博物馆的通道，就像是走在一张渐进式巴洛克透视图当中，它的尽头看起来要比实际上近一些，其作用即在于从公众一进入博物馆就将他们引导得更近一些。

全景点

在一系列展示空间的结尾处，游客们会发现他们自己已经置身于一个实质上被玻璃表面折射出的数字信息扩大了的全景空间。这一空间可以被用来作为一个交互式表演的展示场所。在这里，游客们可以在继续去往中层楼的临时展示空间之前做一个180度的转身。

剖面图

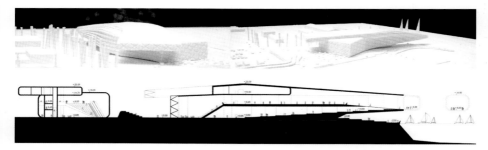

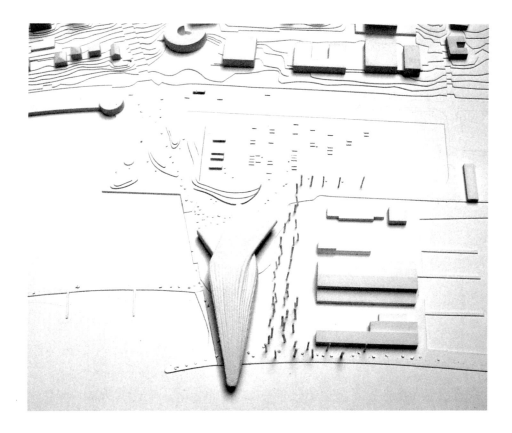

双端头体

洛桑博物馆被构思为一个双端头的实体。对于城市这一边，两个端头是截然不同的，一个作为公众入口，而另一个则通往严肃的办公空间。在不同区域的转换中，两个分支仅仅在其中一个处于另一个之上时才会交汇。鼻部为花园和露台提供了空间，以供公众在太阳下或是有阴影的罩棚下休息。办公室与储藏空间、私人露台以及技术性房间设置在最后一层，以方便通向建筑侧面，这是为工作人员和邮递人员预留的入口。

三维表皮

一段三维表皮横向伸展，将来自展示空间的灯光组织起来。在建筑物的顶部，三维表皮发挥了保护屋顶的作用，以阻挡直接日照的进入。而在建筑的侧面，它又是作为一个永久性的可调节的遮阳篷伸展在展示空间的西侧。北面是闭合的，以允许在日光和可编程人造光环境之间的横向空间利用。

新艺术博物馆

交通流线分析

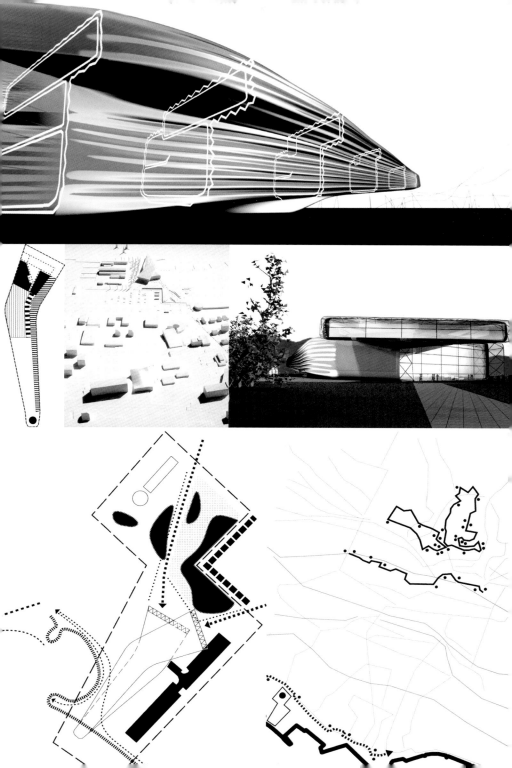

飞翔旅馆

ONL将柏林为玛木蒂构思出来的"飞翔旅馆"的概念进行了发展。在与室内设计师玛木蒂合作的过程中，ONL将注意力集中在它的建造方式和外部雕塑般的样式上。

飞翔旅馆的设想建立在飞翔的主题上。旅途中的人们从一个机场到另一个机场，在世界各地的辗转中编织着航线。而飞翔旅馆庆祝着飞翔的快乐。这项设计将一幅鸟儿挥动翅膀然后昂首挺胸的图像捕捉了下来。飞翔旅馆看起来似乎是漂浮在水面上，仅仅是以像躯干一样的码头和建筑将海滩连接起来。

在飞翔旅馆的透明保护伞下，水上飞机停靠在水面上，它们骄傲的拥有者可以将它们出租给希望作一次值得纪念的环绕阿拉伯湾和阿拉伯沙漠旅行的游客。水上飞机在水面上低飞，提供了波斯湾非常壮美的沸腾的最新景象。在飞回旅馆的过程中，人们可以体验到优雅的飞翔宾馆的令人惊奇的景观：飞机安静地滑行进一个半开放式飞机库下面的安全港，机库的形状就像一个巨大的展开的翅膀。大堂、购物中心以及餐厅将棕黄色的阿拉伯沙漠和宏伟的飞机贮藏空间连接起来。还有一个选择是通过行人输送带把旅馆中的客人带到弯曲的塔状宾馆的大堂中。会议室在从大堂向水面看去的方向。

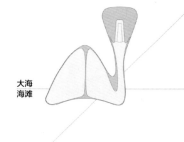

大海
海滩

绿洲
沙漠

乘坐位于中空的巨大垂直状的速生植物丛里的电梯，人们可以到达旅馆的房间。大量的水、鸟儿以及速生植物，在这片垂直丛林中出现。酒店的房间被分为两个截然不同的部分：一个是私人区域，包括一座私人阳台，在三维外部空间的立面上展开；另一个部分是公共区域，向内部的丛林开放，并镶嵌着可以转换的玻璃面板，以在私密性需要的时候变为不透明的。航天科技研发出来的材料在其中得到应用，以保证建筑具有轻盈的现代外观以及机能结构。

飞翔旅馆俱乐部

在飞翔旅馆的顶层能够俯视整个波斯湾，客人们可以在非公开的飞翔旅馆俱乐部中相互交流，俱乐部明显凸向波斯湾。

地面层·

建筑的机能形态在某种程度上被解释为内部空间的自由流动，在这之中，当代的形式感永远和舒适性混杂在一起。来自于航天工业的材料，比如与优质木材、石材以及软纤维混合在一起的玻璃纤维、钛、铝和树脂等。入口处缓坡道通向大堂的接待区里，酒吧和餐厅相互融为一体。大堂内的雕塑座椅与一些豪华软垫扶手椅相连，它们定义了开放空间的中心。接待处由富丽堂皇的玻璃纤维和木材构成，是一个自由而机能的形体。它的左边是一个日间酒吧，这个酒吧有着一个长长的带着舒适的座位的雕塑柜台。紧邻着日间酒吧是有着微妙沙漠气氛的第一餐厅。走过餐厅之后，会发现一个高级鸡尾酒酒吧，有着像沙丘一样装饰阿拉伯软垫的沙发。地面层上的第二个餐厅有着面向水面的平台，提供了很好的就餐环境。

飞翔旅馆

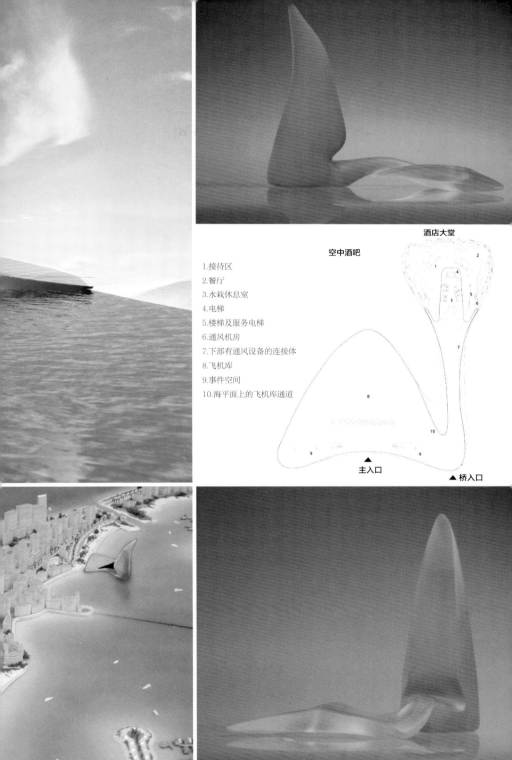

空中酒吧

酒店大堂

1.接待区
2.餐厅
3.水栽休息室
4.电梯
5.楼梯及服务电梯
6.通风机房
7.下部有通风设备的连接体
8.飞机库
9.事件空间
10.海平面上的飞机库通道

▲
主入口

▲ 桥入口

VR空间剧院

X空间虚拟现实剧院坐落在一个被两个强壮的扶臂高举在空中的直径达70米的金蛋中。扶臂从肘部以上便举入空中，在高空150米处与金蛋连接在一起，并在高于海平面200米处的天空酒吧的顶部交汇。两个扶臂稳插在地面层上，以此平衡金色的X蛋形的空间重力。略为腾空的会议中心综合体则发挥了平衡力的作用。

三角形的扶臂被一个高跨度钢缆网固定在一起，并将悬臂的X空间的力传递到作为平衡力的会议中心的后面。站在X空间的下面，人们会感受到工程技术的惊人成就，巨大的金蛋看似毫不费力地像气球一样飘浮在空中，高悬在头顶之上。

在室内空间，一个类似于滑雪缆车的中速线性交通系统在扶臂的整条轨道上运行，将人们运送到金蛋上面，或者到更高的天空酒吧中，然后再次降下来运输从虚拟现实剧院出来的游人，并将他们运送到地面层的出口处。从出口处继续到达会议中心，并最终回到整个交通运输系统的入口处。缆车回路以中等速度前进，上行与下行均作为一种体验来设计，而不是作为上下的最快捷方式。从缆车上游人们可以观看到整个迪拜的特色景观。

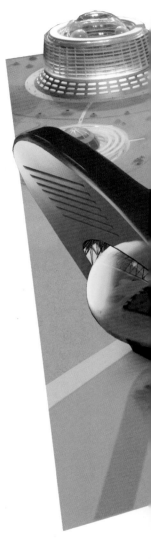

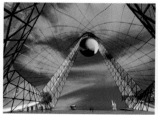
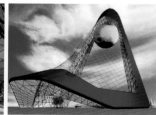

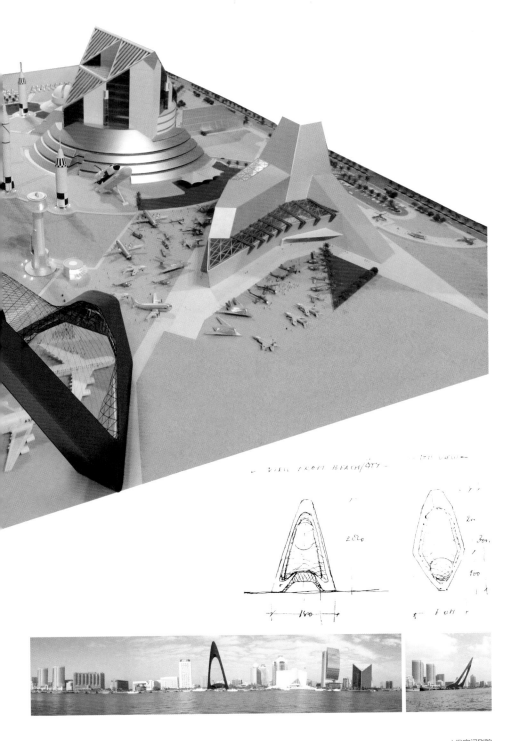

- VIEW FROM BEACH/CITY -

2020

180

100

300

VR空间剧院

萨尔茨堡方程式

"鹰眼"

一层平面图

"Adlerblick(鹰眼)"是整个设计概念的中心,整个建筑方案均围绕着这一中心组织,"鹰眼"的中心位置向游客展示了环绕山脉的制高点——高陶恩。对周围环境印象深刻的理解,内部和外部空间的同时导向构成了整个设计概念的基础。向下,游客们将会看到高陶恩园林景观的全图,而向上透过玻璃屋顶,游客们将会看到真实的园林景观——仿佛游客们在现实与类博物馆的体验之间行走一样。

这一设计受到了蝴蝶与无线僚机驾驶游戏控制器的启发。"鹰眼"的游客将会像蝴蝶用翅膀来标记自身领域一样来体验他们所处的这一环境,蝴蝶和游戏控制器将虚拟世界与现实融合在一起。"鹰眼"左侧与右侧处的蝴蝶僚机驾驶轴线创造了一种探索空间。左边存在着一个五维剧院和陶恩的活动全景,而右面则是魔力盒和陶恩画簿。

总平面图

游客们通过"鹰眼"开放的休息大厅进入蝴蝶僚机部分。售票处、展示房间以及餐馆可以从该处到达。立面的巨大玻璃构件,使得从街上都清晰可见这些房间。

探索区则像典型的群岛一样都由不同的球体组成,它们沿着始于"鹰眼"的中央轴线排列开来。这些岛屿被所谓的"沙滩"(那些可以被用来作为等候或展览的区域,甚至是未定义的临时工作区域空间)包围着。

二层平面图

餐馆坐落在蝴蝶僚机的屋顶之下,被设计成了右翼一个受光点,并且通过一个同时连接两个展览层的斜坡即可到达。游客可以从建筑物的最高点俯瞰整个公园、湖,以及Mittersill村及其周围的群山所构成的梦幻般景致。

从文件到工厂

这一设计使用了非标准建筑原则,以特殊建造元素所适用的现代工厂备案制造方法为基础,创造了令人迷惑的三维建筑空间。而蝴蝶僚机的建造则是根据面包圈原则实施的,层状木片被形容为面包圈的多样半径,两翼被"鹰眼"透明的玻璃屋顶连接在一起。为了给建筑一个

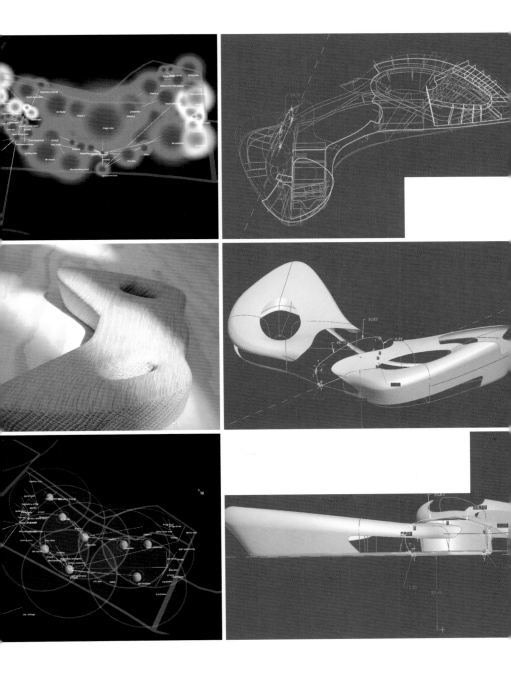

自然光滑的外形，双层表皮由外部的硬木条层包裹，整个建筑则由现代计算机控制的制造方法加上天然材料建造而成。

萨尔茨堡方程式

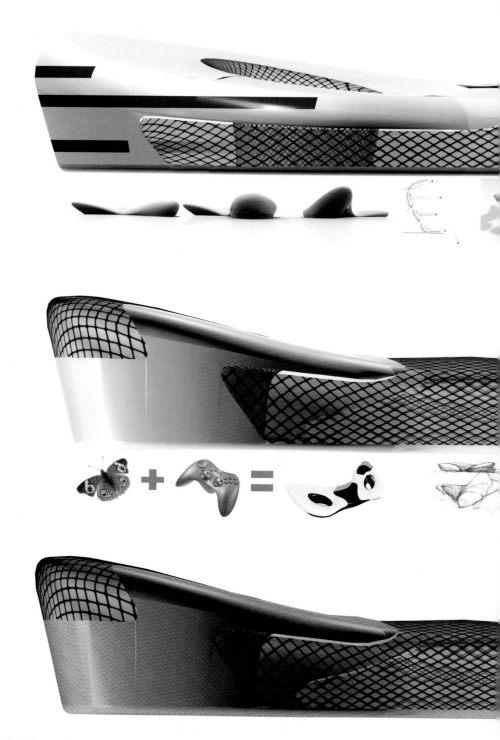

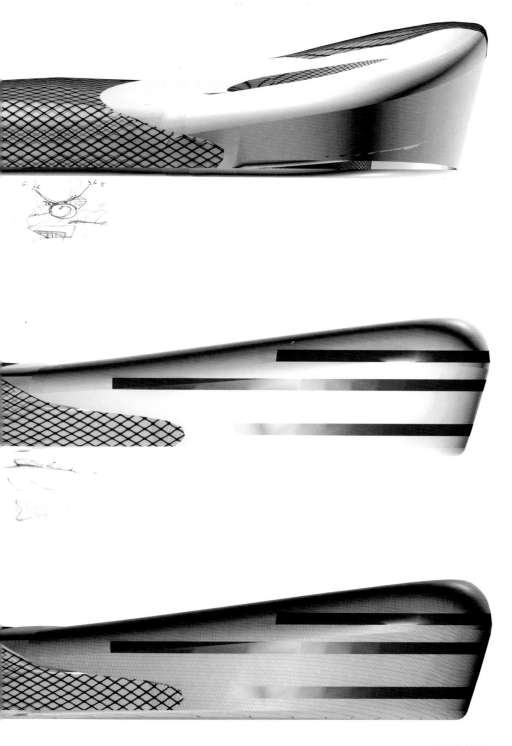

萨尔茨堡方程式

03 ╳ 肌肉之改体
——智慧表皮设计
Muscle ReConfigured - Smart Skin Design

在建筑以及建造环境的生命圈中，参数由参与者来确定。每一个角色都会触发一组的感应器，使它们开始将新的数据写入数据库，而建筑将拾取这些新的数据并开始进行自我的再生——形状上，容量上，或者两者同时进行。然后新的再生将会配合新的被人们所期待的条件。

建筑业是技术性进步经常涉及的领域。这些技术互相联结，进入全球网络当中，实时地与数据库互相作用，它们的形式和内容随之不断地变化。建筑不再是具有静态的最终形式，从一种闭合容器的传统空间感知模式转变成为更加敏感的物体，有机体在具有胁迫性的同时也是复杂的。超体研究小组用了三周多的工作时间来致力于将这种想法实体化，这是一次令人兴奋的空间替代拓展和视觉化的智能感应实验。在过去的一段时间里，超体研究小组操作了表中的一系列实验性方案。

时间	项目	描述
2002年	虚拟操作间	以时间为基础的建筑躯体扩张
2003年	BCN方程式游戏	一种实时的城市规划工具
2003年	原型空间实验室	原型空间研究实验室的系列研究
2003年	肌肉之非标准建筑	传输港的可编程模式
2003年	肌肉之改体	实时空间感应包膜
2004年	肌肉塔楼I	主动性建筑的原型
2004年	肌肉塔楼II	一种活动的交互式广告塔楼
2004年	原型空间演示1.1	一种协作设计与工程的工具
2005年	原型空间演示1.2	一种设计三维图标性布局的工具
2005年	肌肉躯体	脱下你的鞋，走进其中进行互动！

肌肉之改体是超体研究小组在2003年到2005年期间开发的项目。这一装置实时发生作用，从一个硬线条边缘的矩形可组合条带转变成为一种更加柔软而人性的包膜。此外，原型空间是超体研究小组的ICT驱动协作设计工作室的名字。协作性设计的空间处理是一种扩张后处理空间，通过感应器和激活器，设计师们的感觉与虚拟原型联系起来，原型当中的积极视点被投射到一块360度的全景屏幕上。积极的世界是一个实时运行的环境，同时也实时对自身进行再运算。

这里采用超体研究小组"肌肉之非标准建筑"（2003年）和"肌肉之改体"（2003年）作为主要范例来描述智能技术的基本原理以及实施方法。概念与执行将共同被呈现出来。

1.肌肉之非标准建筑项目

可编程传输港最为重要的一个特质在于：在一个充满活力的设计过程之后，建筑在历史中第一次不再保持"命中注定"的静止状态。在千禧年的大转变中，这一想法构建了一种真实的范例性建筑转变的基础。由于形式和信息容量两者的可编程性，构造物成为了一种承载不同用途并且倾斜可变的载体。建筑成为了器具，成为了一种设计师与业主和建筑使用者之间的游戏。

在非标准建筑展览上，ONL与超体研究小组实现了一种传输港项目上的工作原型，这个原型被称为"肌肉"。可编程建筑能够将它们自己在精神上和实体上进行改体，而不需要考虑像1964年的Archigram提出的步行城市那样将自身完全进行替换。可编程建筑通过收缩与放松其工业肌群来达到改变形状的目的。"肌肉"这种可编程建筑是被网状弹力肌群包裹着的受压软质体量，肌群的长度、高度和宽度都根据注入肌群的压力而改变。非标准建筑展的参观者们将能够参与一个协作性的游戏，发掘"肌肉"的不同状态，公众通过进入原型空间周围的交互式感觉空间与"肌肉"进行互动。这一装置的隐藏组件通过由一组感应器所组成的感应区来发挥作用。感应器对于人眼不可见，却能够被监视器监视和服从于建筑体产生的信息，并创造一系列截然不同的形体。建筑体感受到人群的活动，并与参与者以多种模式的方式进行互动。公众在仅仅几分钟之内就能够发现"肌肉"的行为是如何根据人的活动而产生的，很快，他们将开始在游戏中发现一个目标。由于"肌肉"的编程使其具有自身的意志，因而这种互动的结果是不可预知的。它并非是感应和顺从的，而是具有一种前摄性。可编程体由其使用者来操纵，一种对于所有参与者的吸引与排斥，恒定地结合在实际操作中。这一游戏是一次真正的多人参与游戏。现在，真正的沟通已经建立在这个前摄性主体的感觉和过程的交替中，并在这个恒定的共生感应圈上启动。参与者以一种严肃的娱乐形式参与这个参数化的建筑游戏当中，设计就是方程式，而参与这个游戏就意味着对参数进行设定。

行为系统意味着其所产生的感应数据是被实时进行分析的，这些数据发挥了程序化运算法则参数的作用，并且在确定的脚本中发挥了使用者驱动的干扰作用。这些作者定义的行为操作通过即时计算，造成了一种情态化的行为多样性，并作为活性结构外形上的变化和一种活性浸入式声音景观的产生而被人们体验到。"肌肉"确实是一种互动式的输入／输出设备，一个随时间而充实自身的游戏站。

"肌肉"被设定为通过其自身的感应、处理和驱动加强系统来对人类来访者产生回馈。它必须将物理数量转换成为数字信号（感应器）或反之（启动器）以求与游戏参与者进行交流。公众通过附在结构参照点上的感应器与"肌肉"连接起来。这些输入设备将人类参与者的行为转换成为数据，数据再作为活性结构的物理形状和周围环境的声音景观参数发挥作用。输入安装部分包括了八块感应板，每块感应板上设有三个感应器：运动（感应6米以内距离的可能出现的参与者）、切近度（感应2米以内到达"肌肉"的参与者）以及触觉（感应施加在表面上的压力大小）。类似感应器的输入频道被转化成为数字信号（MIDI）并传输到计算机当中。通过使用一系列多层面的行为运算法则脚本进行翻译、处理以及衡量24个感应器的推动力，并用多种方式影响整个系统。依靠活性的情绪化模式，感应器参数对个体"肌肉"的活动进行设置，这些"肌肉"将会在不同行为模式上输出。除了这种直接的联接，一种影响着自身行为状态的输出信号使更加微妙的层次被呈现了出来。参与者／物体的互动数量对于这个复杂的指向情绪的感情过滤器来说是一个变量。

围绕着这一装置的感应空间是数据驱动原型的内界面，这些使用过的感应器的结合给予了参与者／物体一种平滑的升降联系。步入这个不可见的游戏场，人们会被动作感应器的大范围电波探测到，并且人们

　　　　　　　　肌肉之改体——智慧表皮设计

的注意力会通过下层球形空间的再生和音效被吸引过来。人们会变得好奇，想要知道这个奇异的物体到底想要什么。当你走近它并触发这个类似于圆球的物体，一系列流动的数字将会报告人们在这个形体中深入到了多远的地方。地方性与全球性的表层姿态被展现了出来，游戏参与者将沉迷于这个载体。声音景观从一系列活动中显现出来，让人感觉躯体本身像一个在工作的有机体一样发出声音。扩展的互动最终引导了最为亲密的动作——物理接触。触觉感应器将施加在表面上的压力进行记录，这一感应数据造成参与者意向下的个性化的地方性表面变形和声音活动。这些表面的变形是与触摸区域相邻的肌肉进行收缩／放松的结果。当感应器在一个系统当中与启动器连接起来以后，系统就成为智能的，比如它显现出来的呼应行为，但是呼应并不是它的目标，于本质上讲这只是对来临的请求的回应。最终的目标是产生前摄性，这意味着由于一些内部力量的驱使，它开始感应并启动。

对于设计实时性构造物来说，最为重要的一点就是设计者在过程中运行和工作，而并不只是被动地去谈论它。设计者必须要像编写代码的程序员一样去思考。在"肌肉"项目中，设计是一种编码，而设计师就是程序员。程序编写的决定就是设计的抉择，反之亦然。我们使用游戏开发软件是由于它让我们能够迅速并轻松地创造出丰富而互动的实时操作三维环境。它允许任何对于周围环境产生反应的连贯性行为，其中包括使用者与参与者。通过参与这一过程，所有相关的角色(游客、"肌肉"躯体以及设计师)都可以在运行游戏的时候对每个事物进行修正，包括编码部分。这种计算机化的设计工具允许使用者与参与者去定义并且完全控制行为准则。"肌肉"被设定为在定义情绪模式的情绪带宽中运转。在这些模式当中，"肌肉"可以自由表现并生成一种个性化的模式。"肌肉"所附有的这种丰富的情绪状态是情绪化脚本实时运行(基于多种可变的准则、操作过程和方程式)的成果。在装置感情过滤器的同时对即将来临的感应数据和固有的数据(=系统输出)进行分析。相关的参数、准则、公式以及数组在处理和加权当中都被升级，并且产生一种新的输出。行为则是在任何时候都置身于全球性预置与地方性使用者的干扰之中，它被表示成：

通过改变弹性肌肉的长度（改变注入其中的压力）造成外部形式的体积变化。

一种平衡的压力与张力的结合被应用于控制躯体的行为性反馈。组合在一起的肌肉产生了预期的影响（诸如歪斜、锥形、弯曲、曲折和颤动），它们被分组以保证能够在同一时间联动。一系列的肌肉——启动器——被设置在一起来实时启动复杂的可编程结构。因而某些感应器的启动可能导致"肌肉"躯体的弯曲，而另一些启动器可能造成一种剧烈的震动和摇晃效果。这些预置是根据活动模式以及相关参数选择出来的。预置并不是固定的实体，恰恰相反，它们包含了许多的参数（诸如频率、持续时间、间隔和重量）。这些球形预置的组合与重复造成了不可预测的、令人惊讶而兴奋的效果。这种与地方性使用者的干扰相结合的方式，使"肌肉"的行为变得完全不可预测。

结合在早期发声与运行时生成的波浪形样品中的放射

声音环境直接从感应器频道、同时间接地从空间节点构造和"肌肉"的行为状态处接受它自身的数据。早期定义和设计的声音样品是活性的，并且同相关联的组变量的存在相结合。这一信息被合成并通过控制音乐行为的运算法则进行传递。这一运算法则生成了周围环境的声音景观，结合物理空间活动感应器的激

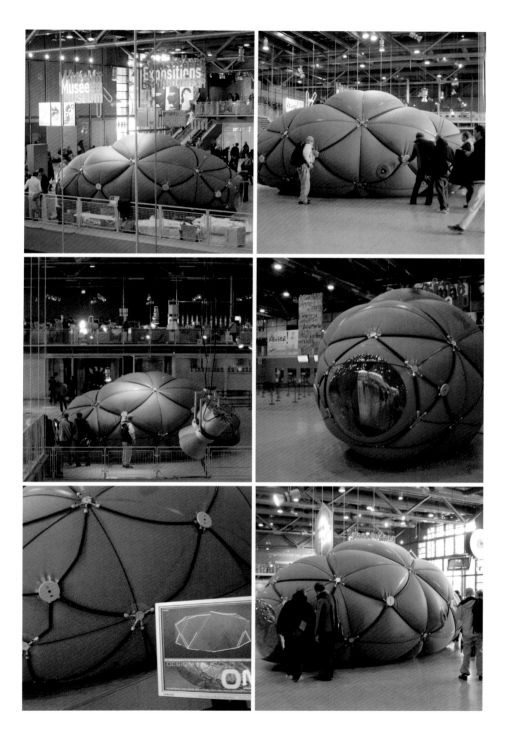

肌肉之改体——智慧表皮设计

活，直接地改变了相关的声音参数，造成了一种相当复杂的体验。多样的基础层级建立了一种复杂的总体（执行力量）。在肌肉的膨胀与收缩时的"呼吸之声"结合中，一种环绕的交响充满了整个空间。人们可以真实地感受到这个不可见空间的形状，声音空间与物理空间由此成为了一体。

计算过程的实时图形显示

在平面荧幕上渲染出来的可视化三维"肌肉"将这一存在物的性质告知了公众。这种模型就是计算过程本身，每一块肌肉的状态都以这种模型来定义。在内部已经组织化的72个数字排列当中，肌肉的活动性被三种颜色来表示：红色／膨胀状态，蓝色／收缩状态，灰色／被动状态。同时在模型中表达的还有不断改变尺度的8块感应板，活动性的不透明以及"肌肉"状态的总体行为，它们被视觉化为一种有着可变颜色的背景。图像的实践性、建筑性应用和对肌肉技术的使用是对图形显示的补充。实时模型可以从多种摄影机位进行观看，这可以真实地感觉到行为性模板的作用。从物理模型与这种图形界面的合成来看，图形界面为公众层次的理解作出了贡献。

2.肌肉之改体项目

肌肉改体是一项由超体研究小组负责的建筑性研究，其目标特别地锁定在由ONL与超体研究小组共同设

　　　　　　　　肌肉之改体——智慧表皮设计

计的肌肉之非标准建筑项目上，并将之实时反馈的变体实物化。这种改体通过利用相同的启动组件——源自巴黎蓬皮杜中心展示的"肌肉"方案中的充气FESTO肌肉——来实现。但是对于新的装置来说，一种强调内部空间反馈的举措被视觉化了，它完全取代了外部形式的软体变异(通过肌肉之非标准建筑项目达到实物化)。由于应用了HYLITE面板来构建空间性外膜(无缝板带)，"肌肉"方案的柔软充气表皮体验了材料美学的完全逆转。借用充气肌肉的压力使HYLITE板带的硬质边缘弯曲而变得柔软和饱满，这个富有意义的变异观念通过肌肉之改体装置成功地实现了。

HYLITE板带作为一种空间中的三维部件被视觉化，完全程序化的空间通过它的感觉、处理和启动等增进设施来对人类居住者进行回馈。这种将日常化的功能性空间转化成为一个活的有机体的观念，其自身是通过时间来增强并满足它的居住者，使用者被安置在最显著的位置上，这就完全倒置了使用者必须适应基于ICT的传统场景的IT增进物。这一装置被理解为一个智能环境的传输试验，它的内部设置有以人类为中心的计算组件。

无所不在的计算被看作是构造物的中枢。这一装置则被视为一种网络节点，这些节点以高度互助的方式在空间中相互连接，不断地交换信息并作为一个集合体来获取空间的再生。这种密集的网络节点在本质上确立了外部和内部的结点类型的构成。外部主要同一系列的感应器和启动器相关，而内部则与运算和数据处理元素不可分割。更精确来说，基于原则的运算法则一并约束了这两种节点组件，并生产出一种我们渴望的数据置换和输出场景。为了增强HYLITE板带居住者的心理舒适度，除了这种以计算为基础的特质，还试图通过诸如手动控制这类的附加特质来简化人类计算机触面(HCI)。

空间组件及性能
HYLITE面板形成了这一构造物的一般性建筑体块，该装置是一个被视觉化了的自下而上的设计研究。这里的空间性部分被看作一个完全的线性原型的大型生态娱乐空间，它们可以插在一起创造一个智能的空间。板带则断开成为三种截然不同的构件类型：
1) 休闲家具单元（休闲桌椅）
2) 反馈性顶棚单元
3) 反馈性墙体单元

休闲家具单元
这种家具器件被看作一个混合实体，包括两片固定在一起的HYLITE面板(作为座椅表面)，下部靠多排楔形的聚苯乙烯泡沫塑料块来支撑，并在器件两端以木质构件来结束。这种混杂体的目标在于提高HYLITE面板的强度，使人们可以在家具实体上坐下或躺下。这一单元多变的曲线是压缩力影响的结果，它由固定在器件两端的木构件上的流体性肌肉生成。当肌肉接收到来自数据处理器(中间节点)的恰当信号时，他们即被按顺序启动。这种启动通过两套感觉设备在两个阶段发挥作用：首先是有关器件附近人群的贴近度的数据。这数据一被相似信号捕捉并感知就通过MIDI接触面(在这里它被转换成数字信号)传输到中央处理器。在那里，数据被处理至Virtool并返回一个启动命令，随后这个命令通过连续端口被发送到控制肌肉收缩的黑匣子当中。第一阶段在家具的表面创造了初始化的曲线，这些曲线已经足够允许人们坐在上面了。

第二阶段是与坐在家具表面上的人们进行更加直接的互动。家具表面附带有两个感应器，这两个触摸式感应器负责触发家具器件的表面高度和弯曲程度的修正。这一次的数据传达考虑到了触摸式感应器上外露部分的压力值，跟随着与第一阶段所提到的序列，并由此将与使用者的选择一致的适合曲线实体化。这种启动不仅限于对家具器件进行作用，更扩展到了包膜的表面——与坐在这里的居住者紧密相邻的墙体和顶棚单元上。

反馈式顶棚单元

顶棚是一个被实体化的由流体肌肉控制的HYLITE面板网络。它们的运转，与投射表面的创造，以休闲为目的而生成平滑曲线的柔和形式，以及顶棚表面上的采光开口相关。这些运转过程的可视化是通过每一个流体肌肉的连接属性来完成的：它能够生成压缩力(这种压缩力将会按顺序使面板弯曲)，还能彼此轻松连接进而创造一个更长的压缩元素带。

反馈式墙体单元

墙体元素由同样的HYLITE面板构成，这种面板可以与顶棚元素编织在一起构成连续表面。墙体的实体化应用了同样的压缩力强度原理，当其被启动的时候，就会弯曲起来创造出投射表面和座椅表面。墙体与顶棚元素的启动本质上与家具元素的启动联系在一起。它们之间相互供应，在实验性的角度上，个体能够单独触发整体。以上提到的每一个过程都是被流体肌肉网络纠结在一起的，它们以不一致的外形和构造在整体构造物上创造出人们渴望的效果。

3.讨论

积累了前几个项目的经验，肌肉塔楼I（2004年）、肌肉塔楼II（2004年）、肌肉体（2005年）继续进行了下去。

肌肉塔楼I

肌肉塔楼是一种对外部（天气）和内部（使用者）条件的刺激发生反馈的建筑结构工作原型（模型比例1:20）。可编程建筑被看作是一种复杂的适应性系统，它是一个与其他运转过程（人与环境）相关联的实时运转过程。肌肉塔楼展现了其本身的实时特性。它作为"工业周"（荷兰工业会议周）的一部分在Jaarbeurs Utrecht的驱动技术工业节中被展出。这次展览会向参观者展示了最新的创造发明和发展成就，并且将许多有创意的想法带入了动力传输世界、工厂自动化与运动控制领域，游客来访一次就可以得到许多创造的灵感。

肌肉塔楼I可能的实际应用
—可适性立面，随时改变以适应变化的外部环境条件和内部使用状况。
—反馈式屋顶，对太阳辐射情况的改变随时进行反馈，其开关都取决于阳光的多少。
—主动性空间，通过建筑结构实时改变来启动对于空间利用的改变。
—平衡结构，有活力地抗拒外部力量使一座摩天大楼在持续的强风中完美矗立。

　　　　　　　　　　　　　肌肉之改体——智慧表皮设计

肌肉之改体——智慧表皮设计

肌肉塔楼II

动态交互式的肌肉塔楼II是一座真正的超体。它对自身所在的环境产生反应，主动地改变它周围的空间。这座以其雅致的动态引人注目的广告大楼，事实上可以成为一种新类型的建筑体建构方式。它包含了灵活可变、互相联结的铝棒以及由铁制的中空球体构成的FESTO充气肌肉。FESTO肌肉群被运行的Virtool脚本所控制，这种脚本通过感应器对自身周围的环境产生感知I。在各个方面它都是第一种原型(肌肉塔楼I)空心经营的结果。肌肉塔楼II是超体研究小组的一个教育性和研究性课题，同时也是设计研究的一个相当好的范例。它由伦敦大学玛丽皇后学院的六名学生跟随超体的研究课程来设计和建造，同时它也是高度实验性的。新技术与创意的可能性结合将创造出新的见解。

肌肉体

肌肉体的方案包含了完整的动力学和交互式建筑——一个内部空间的足尺模型。这个方案是一个包含了连续表皮的建筑体，它与建筑体本身所有的建筑性特质一体化，而不会产生诸如地板、墙体、顶棚和门这样绝对的差别。肌肉体与其参与者(进入这个内部空间的人们)之间的互动使肌肉体开始改变它的形状、透明度及其生成的声音。

肌肉体的结构以一种单独的三维弯曲螺旋管为基础。这种通常用作水管的螺旋管材料的性质，充分容许结构的坚硬度和可变性。总共26根工业式FESTO肌肉群被融入螺旋结构当中，以此控制肌肉体的实体运动。表皮由莱卡制成，一种通常用于运动服装的可拉伸纤维。纤维的半透明质地根据拉伸的程度发生变化。这种纤维轻微地交错在从螺旋结构偏离出来的部分中。当肌肉体被激活的时候，螺旋管道之间产生的纤细光束与不断改变透明度的纤维本身组合在一起，表皮造成了一种光的游戏。同样，在表皮当中也存在着一定数量的扩音器，它们能够生成一些声音样品，并根据使用者的行为方式进行组合和传输。

为了激活肌肉体，信息通过附着在表皮当中的一定数量和精度的传感器被使用者实时地抽象出来。游戏软件Virtool被用来组织感应器接收到的输入数据、肌肉行为以及生成声音的输出数据之间的实时关系。通过在内部空间和使用者之间开发一个实时的回馈圈，这个方案将目标锁定在对人体与建筑体之间关系的重新思考上，以及他们在共同进化中的位置。

4.结论

建筑成为了一个所有人参与其中的游戏。建筑本身，包括大量的协助运行的可编程元素，都将会具有蜂群的特质(奥斯特惠斯)。建筑、规划，以及建造、室内设计和景观设计都将成为实时计算的主体。在建筑以及建造环境的生命圈中，参数由参与者来确定。每一个角色都会触发一组感应器，使它们开始将新的数据写入数据库，而建筑将拾取这些新的数据并开始进行自我的再生——形状上，容量上，或者两者同时进行。然后新的再生将会配合新的被人们所期待的条件。肌肉工作的改体方案阐明了这一概念和原型。

超体研究小组现在正在开发一种iWeb原型空间———一种跨学科的研究、教育与设计的载体，将被代尔夫

特理工大学所接纳。iWeb主持了一系列被称为原型空间的虚拟扩张。在协作性实时设计和工程研究实验室——原型空间实验室当中，将会继续探索一种综合学科的建筑和都市设计在ICT驱动环境中的可能性，包括系统的直观控制上的新的交互样式等等。因而为建筑方法提出了一种新的口号："Game set and match"。它将会被永远地传播下去。

文章译自卡西·奥斯特惠斯*MUSCLE ReConfigured – Smart Skin Design*，有删改。

　　　　　　　　　肌肉之改体——智慧表皮设计

蜉蝣结构

奥运会是一个全人类级别的理想主义的空间，因为人类活动的原因应当集中在个体上。这并不意味着宣扬利己主义和反社会的个人主义环境，而是抽象意义上对于人类积累的反向运动。

社会事件结构

这是一个手势与陈述的空间。在这里人类被动态地融入一个有力的集体当中——拉紧同一条弦，为同一个目标努力，占据主动权而并不将之委托给任何公共管理机构。这一社会现象已经足够触发一种群体的兴高采烈，拥有巨大的战斗力。奥林匹克场地及其周边环境将会欢迎前所未有数量的游客。更惊人的是：由于游客们将会携带他们的行李、机械和设施，其影响将会比太空船着陆更大。

动态结构

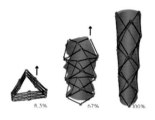

可拉伸结构

每个人都被欢迎加入一个对其进行定型的视觉象征，一座全部人都有钥匙的建筑物，一个可以实时改变其形状和容量的结构。一套被其周边活动填充的标准尺，它度量这些活动并将之沿着其自身的同步系统传送到空间当中。它成为了空间性的可见空间，同时这个集体开始意识到自身的特性及自身所造成的影响。它像一面镜子一样将你反射回你的视野，而从尺寸上看它又是定位点。

兴奋等级

一场无聊而孤独的舞蹈，沉溺而慌张，一套标尺、一份参考、一条锁链、一个圈以及一个象征。你看不到它，但是你却可以听到。信息输送代理就是耳朵和嘴：它们为城市加上一个音节，一个微妙的嗡鸣。随着你走近它们，当你聆听它们的时候，你就已经深入其中了。你纯粹的出现改变了地标。你无法选择是不是参与这个游戏。原点通过对噪声的定调可以被设置在一个意义重大

的地方，或者任何地方，它都将像你的感情一样引领你的道路：从周围的环境中分化出来。

都市游戏

这个游戏由游客、共享者和居民共同参与。游戏区域战略点上设置的代理用来注册其周边环境中的活动信号，并将这些信号传送到地标。每一个代理都用来观察人流，并记录到体育活动产生的噪声中。地标被活动的场地所吸引，信息的收集通过其形状反映出来，地标的形状和动态是对于城市人群流量的实时反映。

闹市意向

由于奥林匹克盛事使大量的人群产生了移动，他们将对外形造成巨大的影响。地标与人群产生的闹市发生交流。它通过城市中的代理扰动了噪声景观。通过调节环境声，从群体的嗡嗡声到怒吼，它表达了奥林匹克场地上所发生的兴奋。仅仅通过表达自己，它同时加强了并在一种无序的兴高采烈之上建立了一个反馈圈。通过将闹市意向的动态视觉化，地标不再是仅仅是一座塔，而是成为了奥林匹克赛事动态而有活力的一部分。

蜉蝣结构

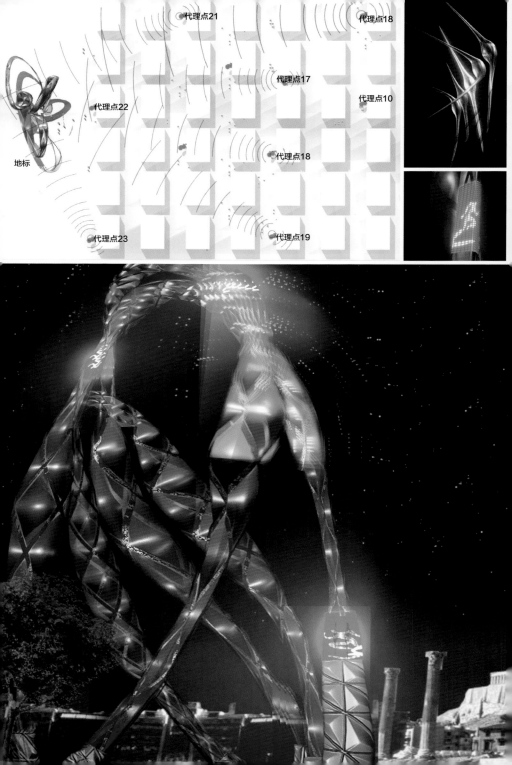

代理点21
代理点18
代理点17
代理点22
代理点10
地标
代理点18
代理点23
代理点19

传输港 / 可编程躯干

整个传输港网络包含了世界各地一系列的动态结构，以及因特网上它们的虚拟父母结构。2000年威尼斯建筑双年展上的装置通过进行一个协作型游戏来发掘传输港和可以实时改变形状与容量的数据驱动的帐篷的不同模式。真实的帐篷和虚拟的网络帐篷看起来像一个带有阵列细胞的大有机体，人们可以毫无痕迹地从真实世界重新跳回虚拟世界。现实世界中的变化影响了虚拟世界中的容量，反之亦如此。通过这种方式，现实与虚拟结构的综合体被作为一个一致的超体来体验。

动态结构

动态结构传输港实时地消化新鲜的数据，不像传统的静态建筑一样靠计算来抵抗最大可能的受力。相反，传输港结构是一种倾斜的设备，当外部或内部力量适中的时候它就放松，而当力量比较猛烈的时候它就紧绷起来，就像一块肌肉一样对力量的大小进行反应。在传输港的概念当中，数据表现出从因特网和那些制造了数据的游客处所得到的外部力，这些数据的作用像是动态结构改变其物理形态时的变化参数一样。

电子内表皮

内表皮作为一个呈现全球信息资源的巨型虚拟视窗来发挥作用，就像常见的网页与网络摄像机一样。公众不再去看任何信息，他们已经浸入信息的世界当中。信息被传输到可编程的内表皮上。通过感应器，当地公众激活了遥控摄像机并进入与之链接的网页。内表皮将自己定型并折叠起来，进而追踪帐篷的物理性状变化。

充气肌肉

传输港的物理结构能够根据从传输港游戏中实时接收到的数据来修正自己的外形。一种明确的可能性在于建造一种完全由充气棒构成的空间框架，所有的充气棒都可以修正自身的长度，共同像肌肉束中一群流动的细丝一样工作。所有的充气棒都由结构工程软件进行独立控制。这一程序分析了形状之中的变化，并能够实时计算所有共同运转的充气棒的实际长度。

可变形外表皮

传输港的内表皮和外表皮两者都会随着数据驱动的充气结构而变化。防水外表皮必须在两个方向上都是可变的，这需要一种新类型的隔膜。基本的研究着眼于一种三维脚注的橡胶片上，更小的橡胶片通过硫化，一起形成一块连贯的表皮。

传输港的六种模式

传输港帐篷最为重要的一个特性在于建筑在其历史上第一次不再是固定而静态的。根据它在形式与信息容量上完全的编程能力，整个结构成为了一种具有多种用途的倾斜而可变的载体。为了使所有这些特性显得清晰，我们已经构思了六种不同的模式，并通过威尼斯双年展的装置来展示：1)艺术模式：结构事实上是一件艺术品，容量和形式都被视觉艺术家Ilona Lénárd所控制；2)办公模式：结构变成了ONL建筑事务所展示项目的载体；3)网络模式：将载体链接向其他设计师的作品；4)信息模式：为建筑前沿传播新闻开发的传输港载体；5)商业模式：赞助商将这一洞穴空间用他们的商业目录填满；6)舞蹈模式：传输港转换为一个多媒体的派对区。

传输港

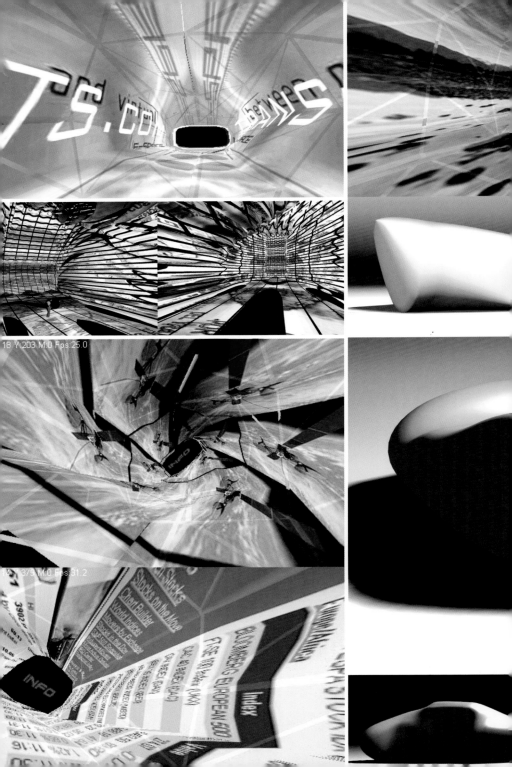

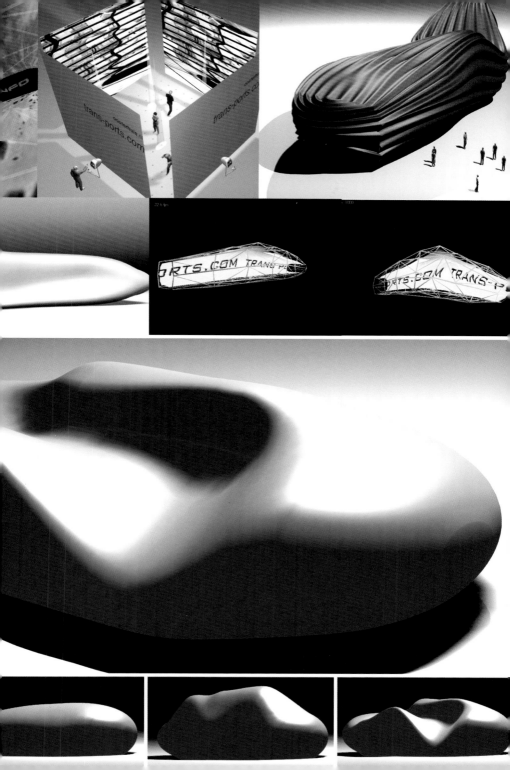

可调适外表面

为了给FESTO开发的流体肌肉技术找到现实生活中的使用者，也为了生成新的概念或提升现有的状态。

概念性可调适表皮

目前的遮阳设施是厚重而不美观的，但是在这之上最为重要的是它不具有可调试性，整个立面必须一次性地进行改变，并且缺乏个体局部控制的设施。大多数系统只能被设置为完全打开或完全闭合。我们的目标是创造一种允许使用者在其置身的领域中对于光的层级有直接的控制，而不是只能拥有一种中央控制器强加于他们的不舒适的环境。

利益可调适表皮

这一系统允许建筑物使用者在建筑的任何部位设置他们自己喜欢的光层级。这个结构是轻质的，那意味着它是不会对现有建筑物产生干扰的附加结构。肌肉系统也不包括活动构件(齿轮和马达)，意图性的维护是不那么需要的。它也可以被用来加强一栋平凡建筑的美学特性，立面通过自身移动的方式为整座建筑带来关注，它使建筑看起来仿佛是有生命的，其表皮是搏动而开敞的。

材料

这些肌肉由被硅涂层包裹的聚乙烯橡胶构成，两端带有钢阀，遮光物由hypalon包裹的聚酯膨胀软垫构成。整体用钢节点连接在一起。

可调适表皮的工作方式

FESTO开发的流体肌肉技术利用了橡胶肌肉的收缩性来生成动作，可以生成高达6000牛的力量。肌肉的橡胶表皮拥有一种格状的结构，通过这一结构，空气被抽入时，其产生的侧向

膨胀引起肌肉缩短长度。遮阳系统自身由可膨胀软垫构成，这些软垫通过使用前述机理进行移动。立面上所有的软垫和肌肉都被联系起来形成一层单独的表皮，立面被编程以保证任何肌肉的运动不影响里面剩下的那些部件（防止肌肉补偿）。

可调适外表面

空间站

可编程表皮/活性内表皮

在我们的惯常思维当中，太空站指令舱的外形和既定功能都是现存而完备的。这一研究特别专注于内表皮。动态内表皮的概念最初看上去是未来主义而不可实现的。而事实上正好相反，实现动态内表皮所需的所有技术我们现在都具有。它们只需要被略微进行修正并将目标锁定在这一特殊的结构上，并且将不同的工程技术综合起来。

将内表皮作为一种可变隔膜，其形状可以动态地被宇航员随时修正，这首先是可以想象而后可以实现的。这就是它如何工作的：在内外表皮之间插入了一层高分解性的空间框架，其所有的成员个体均为一种充气棒。这些圆柱形棒中的每一个都可以改变其自身的长短。每一次改变均由计算机程序进行实时运算控制。程序在几秒之间重置了空间框架所有部件。运算程序将全新的数据传送到充气柱处，并指挥它们修正自身的长度。动态数据驱动的结构像一束肌肉一般工作。肌肉在接收大脑同步指示后收缩和放松。

内表皮被嵌入了无数的LCD与LED面板。独立的面板共同工作而形成了一个大的总体图形或文本。宇航员可以根据他们的即时需要来建立一个文本环境或是一个图像洞穴。这可以成为一个以三维模型为媒介的工作组的工作环境，也可以成为一个分析科学实验数据的场所。事件与图标都通过镶嵌在内表皮上的LCD面板来进行同步投影。

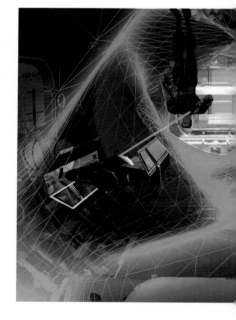

这些出现在内表皮上面的图像也可以表现一种机动时间环境。而与此同时表皮被浇铸成为活动需要的形状——全家团聚的实时图像，熟悉的自然界中令人鼓舞的图像，或是网络摄像机战士的宛如空间站中所见的地球全景等。通过这些虚拟的视窗，空间旅行者就能够经历纵深太空中飘浮的感觉。

为了适应机动时间环境中不断改变的需要，一种全新的内表皮概念必须生成。一种具有内部弹性力的三维橡胶表皮随时与动态表皮的伸缩同步。这一动态可适应表皮的概念的精华在于为宇航员提供一个充分的交流环境——与地球控制中心的科学工作组专家之间的交流，或是与宇航员自己家庭中私人空间的交流。这种表皮通过不断改变来适应承载任何需要的联系，并实现使用者的意愿。

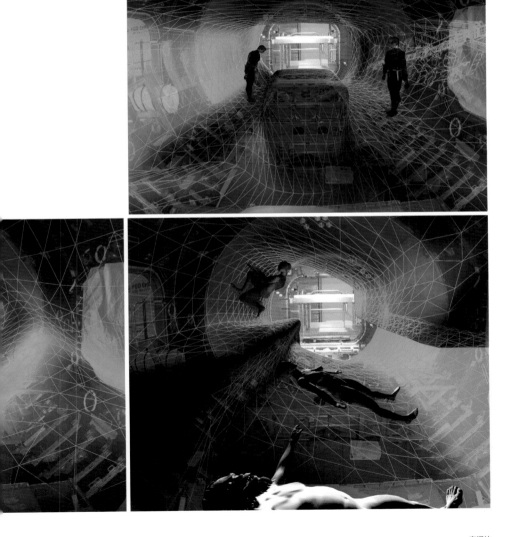

空间站

手绘空间

艺术模式下的传输港手绘空间以七个直观的不断改变形状和位置的三维图画为基础。这些图画的轨迹永不停歇地散发出动态微粒。在三维手绘空间世界与传输港(威尼斯双年展装置)游客的平和对话当中，这些微粒不断出现和消失。步入这个洞穴并径直走到中心点，手绘空间世界的背景就会变成一种新的颜色。感应器的内循环触发了图画的几何形状的进一步靠拢，进而吸引微粒，它们变得巨大并填满了整个投影。走入感应器的外圈，微粒们从你身边驱开，你将会经历到巨大的微粒聚集的移动空间。

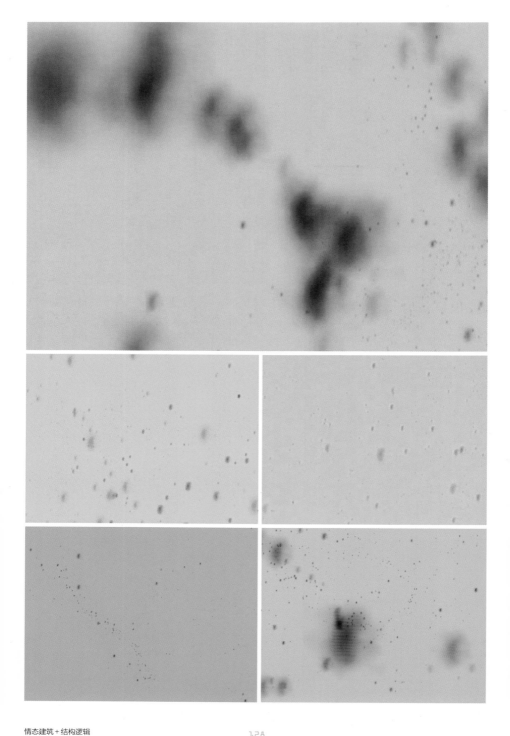

手绘空间

04 ╳ 虚拟操作间
Virtual Operation Room（VOR）

协作性设计与工程的概念是通过构建一个游戏来推动的，它开放了建筑设计和实时建造的过程。你必须要像一个编码的程序员一样思考和行动起来使它为你工作。游戏是一种用来学习如何在新的环境当中行动和反应的革命性工具，一种流动状态下高度结构化的信息。如果游戏在动物和人类的进化中的作用是超越了逻辑性的，那么为什么它不能使智能建筑的进化受益呢？为什么一个具体化的游戏结构不能成为智能建筑进化中的下一个核心？

1.超体

1.1 蜂群建筑

实时开放资源的蜂群建筑是真正创新建筑师的设计作品。建筑组件都是潜在的实时信息的寄送和接收者，它们交换数据，处理导入的数据，并根据处理的结果提出新的配置。人们之间、建筑之间也相互沟通。人与人沟通，人与建筑沟通，建筑与建筑沟通，建筑的组件之间相互沟通。所有的元素都是蜂群的一员、蜂房的住户。蜂群建筑由社会性事务生成的数据来支撑，是新经济转型中的蜂巢精神。蜂房建筑是实时进行设计、建造和运行的。建筑学成了建造事务执行的准则。建筑师逐步开始对于他们是智能载体的设计者这一事实具有意识，开始认识到他们所参与的是一场生死攸关的游戏。建筑不再以隐藏的议程来抗拒外部和内部的力量，而是成为一种实时运行的流动的活性结构与环境的科学。建筑变得具有了野性。

1.2 信息流

你听、看、闻、感觉和品尝，你在你的大脑里以及其他器官中处理信息，信息的处理导致了图像与声音的产生，同时你将其他处理了的事务放入世界当中。信息总是一个持续的转变过程中的主题，对它的处理从未停止过。在实时运行处理过程的同时想象建筑以及其他产品是非常有效的，并且人类也是这一处理过程的一部分。他们触发事情，他们分析，他们矢量化，他们打开门和关上窗户，他们就是其自身的开关。现在如果一个人将这些信息处理的观念应用到建筑学和建筑当中，然后再对持续地吸入信息、处理信息和制造新的信息的建筑物进行思考。这些建筑物的躯体在任何环境当中没有一个是单独的处理机器，它们通过信息流互相连接在一起，在城市中相互连接，通过因特网与世界相连接，通过使用者的内表面连接到使用者。电灯开关、门、窗、计算机、电视机、座椅和楼梯，基本上使用者触摸的每一样东西都是不断地转移、变化和转化。所有可动躯体所运行的过程、建筑物、产品以及使用者，一起扮演了世界范围内信息的构成和转化处理过程中关键性革命角色。

2. 虚拟操作间（VOR）

2.1 顶点蜂群（VOR BODYPORT）

VOR是一种空间性自我组织建造结构的工作范例。它遵守了聚结的范例：通过实施一系列简单的规则，结构的自身元素之间产生反应，同时也对环境影响产生反应。在蜂房成员的相关行为之外，蜂房精神出现了。通过这种精神，蜂群作为一个高级智能的整体向环境作出反应，并试图成就一种蜂群元素全部达到快乐的状态——在它们与对方的关系当中，在不断改变的环境当中持久稳固地提高结构的综合性和坚韧性。蜂群的自我组织特性对于力量、能量和信息的高效率传输具有相当大的价值，但是蜂群同时也是不可预测和不可控制的存在。在它之外的新结构不断地出现，在它之外的复杂性带来前进的美质，并带给我们惊喜和灵感。在VOR游戏当中，一个表面的顶点（在三维空间中由点构成的面）正是蜂群家族的成员，这个表面变成了一个蜂群。在顶点上工作的规则相当简单：

1）尝试与你的邻居保持一段距离，如果要走的话最好再快点。这个规则具有弹性地被创造出来，因为表面现在只可以被"力量"进行拉伸。

2）尝试远离你邻居的邻居，如果你还有很多路要走的话最好动作再快些。在与第一条规则配合的同时，这一原则制造了一种表面上的劲度。随着两条规则之间的距离越来越大，直到其大于第一条规则中距离的两倍，表面就会变得很紧张，随着它的变小，表面也开始缩减。前两条规则制订了蜂群的行为方式，而这种行为方式则想要使用尽可能少的折叠来创造一种具有同一密度的表面。VOR中使用的表面是一种零类表面，它由使顶点相邻的连接拓扑学决定。遵循了这两个规则，它就会将自身组织成一种球体的形状。一些外部影响在球体的周围运动着，并成为其中的一个化身，这些外部影响通过一种类似的规则来影响蜂群。

3）如果它在一个特定的范围之内，尽量地离开它一定距离，如果你离得更远就再靠近一些。

这些规则的组合造成了VOR复杂的行为方式，让它在永不重复的复合模式当中波折、褶皱和伸展，这些模式是我们不能够预知但却可以直觉性地进行理解的，因为我们的日常环境就以类似的方式发生着。VOR邀请人们来参与这个游戏，来触摸并观看发生了什么——来成为蜂群中的一分子。

2.2 建筑组件蜂群

在建筑学的领域中，蜂群范例能够很容易地被应用于环境。想象一下，当所有的建筑组件都成为了蜂群的成员，会发生些什么。这些组件相互监督，它们互相了解并合作来构成一个复杂的适应性系统。组件当中相对简单的处理器承担了交流的功能。这些交流处理器的总和构成了一个复杂的系统，这一系统持续地发挥一个蜂群的作用。对于建成环境的行为来说，作为程序基础的一系列相对简单的规则是需要的。

2.3 生长的建筑（VOR大脑世界）

2.3.1 遗传法则

遗传法则是大自然用来对其有机体进行赋型的机制，主导原则基于某种自我复制的方法，而区别则在于其层级水平的不同，每一个级别同时包含了运算的输出和输入。这一原则被称为不规则型增长。在编程术语中，它是通过持续地在层级中的另一个级别上运行同样的运算创造出来的。这一系统的美妙之处在于其简单性。复杂的形体可以仅仅通过设定它复制的准则而从一个单体中创造出来。

在VOR方案当中，三维体验完完全全由一个盒状物来决定。这个物体根据这一遗传法则复制和转化，设定尺寸然后旋转，每一次启动这个程序，它就会在自身之上创造出一个新的形式。在这种遗传法则当中，某种外部因素也起到了一定的作用，它使物体对其环境产生反应。

例如，当一个参与者走近的时候，这个有机体将会尝试着向参与者弯曲过去，另外游戏当中还存在着其他的物体，这些物体也能够从其他方面影响这一有机体。这个有机体所具有的触角，朝向身体前部的角，新生长部分的速度和数量都是有限的。曾被使用过的每个因素都带有一定的随机性。甚至在完全相同的环境性条件当中，长成的物体也会有轻微的差别。如果缺乏了这种模糊性，模型将会变得无聊而可以预知。对于我们而言的模糊性，也许在现实的自然当中正是一种来自更小的过程多样性的结果，它们有着相似的原则。当我们让项目运行一段时间以后，它就会在自身的基础上创造出一个全新的环境。

2.3.2 建筑是一个运行的过程
衡量遗传法则在情态建筑领域中的应用，人们能够想象一种通过将多种运算技巧组合在一起来适应建造技术条件的应用方法。它能够根据其未来的用途修正结构性部件的数量和尺寸，并在可视化设计部件的有利性基础上给予遗传法则一种技术性的使用。大脑世界教会我们，一个建造环境可以被构思成一个运行过程。建成环境的组件在互相之间的关系当中发展起来，也在与使用它们进行工作的人员的关系中成长起来。

2.4 浸入自由形式空间（VOR流世界）

2.4.1 自由形式空间
超级光滑的自由形式的环境似乎或多或少更易引起对（人类）原形的兴趣。人类在10000年以前在洞穴中生活，每一个年轻的人类都是在一个自由形式的空间（子宫）当中长大的。在这些例据基础上，我们用创造高度浸入式的、多维度的和连贯的空间性体验的能力来制造梦想、编造故事和体验电影。

2.4.2 多重维度
也许那些关于飞行、洗礼、躯体扩展和溶解人类身体界限的长梦，都与穿越相对复杂的几何形体的运动的魅力产生了共鸣，在那里，对于一个人的位置和方向以及客观性的理解不再是二维的。借助你眼睛的位置与垂直式建筑的聚合线的关联，你必须能够使用像光色、声音、力量、空气与温度流等手段。在使用的元素相对稳定的空间中，个体自身在空间中的识别性被修整和改良，并开始相对于自身和其他元素发生着改变。超表皮完全揭示了你的邻近值是什么，并部分地揭示了与结构性更加疏远的是什么。这里并没有像门这样的节点式联系。除非打开，这些形式独立的元素并不能揭示其背后为何物，但更具有接出或输入的感觉。在内涵空间与联系性空间之间存在着一种无缝的和无层级的进程。

2.4.3 行为上的液化
在你进行移动的同时，你本身也在被移动。你的位置和你的动作性向量都在被一种虚拟的液体流影响着。通过加速，模拟出一个像磁性诱感器的场所。因而浸入式的本身就感觉是进入了空间当中的一个向量体中。正如风中的蝴蝶或是水中的海马一样，回流效应被作为一种在液体涡流中模拟真实世界的基本方法。令人愉快的浸入条件是必须在理性的、可识别的刺激思考和相关的控制想法之间取得平衡，也必须在为了激活直觉／刺激躯体而相对复杂和相对受到控制之间取得平衡，还必须在混乱和清晰的理解之间取得平衡。因而浸入过程就真实地被对于自身识别性的调节所影响，变成一个可以在某些瞬间将空间与它们自身的属性一体化的自我。

2.4.4 美丽
人类的包容力被理性化了，即以相对稳定和可识别的信息配量来再现信息，并且将这些配量以合乎逻辑的方式相互连接起来，而并不仅仅为思考所保留，或者更好一些，连感觉都是理性的。这是一个关于我们如何去感受的本质上的逻辑。它并不是随机的，而是一个恒定的反馈条件，存在于我们感悟了什么和如何评估它，以及我们怎样应对它之间。在不同的感觉系统之间的内部互动或多或少地发生在人类自身上，并生成了更高一级的感知。但是，美丽在这种定义中不仅仅属于视听领域，也不属于结构领域，而是可持续地呈现出一种行为方式上的优美。

2.4.5 生成与转化

在VOR的案例当中，一个编码球体系统被用来描述超体的表皮。编码球体系统是一种以内插值来替换的空间。它是一系列寻求连接的球体。但是理想地说，一个球体就可以生成超体的表皮。超表皮在本质上将会成为一种特殊的点状渲染方式。每一个信息配量（空间中的表皮顶点）都以类蜂群的方式，以其在表皮中相对于其邻居的实时位置与对立的表皮进行谈判。在这个案例当中提到的自由形式并不是指雕刻家的神经系和情绪网络上的自由，也不是一种与相对长期的人类神经网络实施过程相关联的动画技术，它强调的是与表皮组件自身相关联的自由，并存在于它们实时交互的确认过程中，以此形成了一个高度的万向连接，并相对自治且最终智能化的设备，它是在这个由影响这一过程的所有组件的分布式构成环境中形成的，因而被称为一种蜂群形式。

2.4.6 专业化

蜂群永远都不会是静态的，而是一个不断运行的过程。把一系列复杂的建筑组件想象成一个蜂群式点覆盖的专业化选择的结果，被选择的区域可能被专业化成为一种两面皆可推拉开关的门，其他区域则可能偏好于成为透明的，或者黄色的、温暖的、更大的和更强壮的组件。被选择的区域在被运行过程中的数据驱动以及运行设计过程中的投资者的操作之下不断生长、发展，并在实时运行的过程中不断专业化。与参数相关的蜂群设计形成了交互式建筑的基础，同时也是"文件到工厂"的大规模定制生产流程的基础。建筑被看作一个运行的过程，协作式设计过程被看作一个可以灵活参与的游戏世界，而式样设计师就像演员一样参与这个设计过程的互联网络之中。

3.VOR游戏结构

3.1 图形

图形包含了其展示出的所有图像和在其自身上展示出来的所有效果。当参与者加入VOR游戏当中来的时候，首先震撼他们的便是图形。图形的造型和设计立即使观看者感受到了游戏的气氛。图形是参与者们将他／她自己投入这个创造出来的世界中的第一个层级的体验。这个游戏拥有其自己的独特的展示模式。在VOR案例中将信息展示给参与者的方式是以第一人称角度来进行的。这种展示模式作为一种原动力抓住了游戏参与者的注意力，并使他／她感受到自己是身临其境的。

3.2 声音

声音包括了游戏当中播放的音乐和特殊音效。这包括了启动音乐、环境声，以及特殊音效。声音像其他任何元素一样对于这个游戏来说是相当重要的。游戏的视觉部分从某种程度上来说是被意识接受的，声音则直接地被下意识地接受。游戏参与者并未直接注意到的东西才是对他们最有影响的因素。

3.3 内表面

内表面是任何游戏参与者为了参与这个游戏而正在使用或接触的直接界面，是游戏与游戏参与者之间的联系平台。一个好的内表面最为重要的因素是它必须是能够被直观理解的。VOR中所使用的控制器（操纵杆）是流线型的，它允许你以一种非常优雅的方式移动。VOR使用操纵杆的坐标轴在游戏世界中移动，这是非常直观的。你按下某些按钮，就可以开枪或加速前进。没有内表面的组织，游戏就会变得很难操作，也就违背了浸入式互动的初衷。一个好游戏的AI（人工智能）的一半都与内表面和参与者的期望值相关。忽视了对参与者们期望值的反应，也就破坏了浸入式的感受。当一个游戏参与者进行游戏的时候，他／她通常都是与游戏相连的，参与者们将游戏控制器作为身体的一个延伸部分来使用。游戏能够与其参与者形成一种其他媒体所不能形成的结合。

3.4 游戏参与

游戏参与是参与者体验的综合组织过程。这个游戏将会提供一个与一些事物进行互动的模式，无论这些事物是一系列的规则还是一个困难的境况，或是一个策略。游戏参与并不像内表面那样可以计量。VOR游戏的结果是通过一个完整体验的平衡来造成一种具有挑战性和娱乐性的游戏参与。多样性是游戏参与中的一个至关重要的元素，VOR为游戏的参与者在每个游戏当中都提供了不断更新的享受。游戏人工智能的第二部分也与游戏参与相关。内表面上的游戏人工智能与游戏参与中的游戏人工智能的不同在于：内表面的人工智能控制着参与者们想做什么，而游戏参与中的人工智能则控制着计算机怎样与参与者竞争，进而学习并适应参与者。

3.5 目标

目标由参与者达成。它鼓动参与者并使参与者在达到目标之后有一种完成某事的成就感。VOR游戏可以被看作是一系列有趣的决定，它们是频繁发生而具有意义的。这些竞争性元素的引入（通过声音、图形、颜色和得分来体现）改变了游戏的感觉。每一个世界都在游戏的故事当中包含了新的目标，并引出一系列多样化的体验。

4.游戏的性质

协作性设计与工程的概念是通过构建一个游戏来推动的，它开放了建筑设计和实时建造的过程。你必须参与整个过程的运行，首先你会看到并感觉到整个程序是一个多么美妙的复合体，多么的精密和直观，你必须要思考和行动起来使它为你工作。你必须像一个编码程序员一样思考，单纯而狡猾地像一个孩子一样来参与这个游戏。动物喜欢玩耍，人类也喜欢玩耍，玩耍是一种用来学习如何在新的环境当中行动和反应的革命性工具。游戏，无论如何，它不是物质实体，而是一种流动状态下的高度结构化的信息。如果游戏在动物和人类的进化中的作用是超越了逻辑性的，那么为什么它不能够使智能建筑的进化受益呢？为什么一个具体化的游戏结构不能成为智能建筑进化中的下一个核心？建筑必须变得具有可玩性。它们将会来测试我们，鼓励我们对它们的行动作出反馈，然后再次行动。只有当使用者和他们的环境双方都是活跃的时候，真实的互动性才会存在。就像我们以前所看到的那样，这些建筑将会超越反应性，成为前摄性的。

5.构建活跃世界的虚拟工具

VOR是用VIRTOOLS建造起来的。它可以被用来进行网上市场营销、网上游戏和学习等。我们用它来运行交互式建筑。我们选择这种工具是因为它有着好用的内界面和可拓展的功能性。通过因特网信息和目标分配，VIRTOOLS的多用户设置和行为服务器使多人参与游戏的开发成为可能。使用VIRTOOLS的多人参与软件，你可以开展实时的协作性设计。

6.原型空间的多人参与内界面

ONL与超体研究小组基本上是从一种原型跳到另一种原型来开发基于更远大目标的工具与知识：建造原型空间，一个为协作性设计服务的功能性空间。一个处于活跃的世界与其使用者之间的多人参与内界面在原型空间是什么样子呢？在功能性空间中，四处走动就像走在一个键盘上，为了变化而给予活跃的三维世界以触发性的指令。想象一下置身于功能性空间的人们使用移动电话来发送是或者否的选择，或者使用NUMPAD来报价。想象一下人们在使用《少数派报告》中出现的无线手套(一种无线上网工具)，并通过PRECOGS（MIN02）来浏览。用于团队设计的原型空间是一种事务处理场所，设计师们和工程师们在这里切磋他们的技术、感情以及数据。他们参与了这个游戏并同时对游戏的规则提出了更改的方案。

译自卡西·奥斯特惠斯，汉斯·霍伯尔斯等的文章*Virtual Operation Room (VOR)*，有删改。

虚拟操作间

里斯兰城市发展参与者

这个方案位于临近荷兰鹿特丹的里斯兰。这是一块20公顷的场地并且紧邻着A20公路。由于场地后面的区域是一块城市停车场，因此场地需要一个隔声屏障。在这个港岸中，建筑与景观被认为是一个不可分割的关联体。三维景观被设想为一栋建筑，同样连隔声屏障也由建筑的正面构成。它们并不在隔声屏障的后面而是自身成为了隔声屏障，这样就能够从A20公路上清晰地看到它们。景观由三道与A20公路平行的波浪组成：1)海啸波浪：这是由建筑物正面组成的隔声屏障。海啸波浪在桥的一侧是剧烈弯曲的，而在桥上走出更远你就会发现这种弯曲消失了，景观／建筑相融合的弯曲形状正如这种巨型的波浪——海啸一样。而桥梁则延续了海啸的形状。2)中波：这种波形也是一种建筑与景观的混合物。3)短波：这里的十一处地点被定位为生活和工作的功能混合体。

喜欢在里斯兰开展业务的建造公司的决策者们正在成为建筑与城市发展的参与者。为了对里斯兰地区有一个总体的印象，他们必须去顺从某些规则。有了这些规则，参与者们才能够修正他们自己设计公式的参数，并仍然遵守预定的范围限制。这种范围根据景观的流程来选择。而连贯性则是不同的体量、建筑物与景观，或是立面与屋顶这些关系中永远的主题。

交互式游戏"里斯兰参与者"让公司对于场地上的建筑可能性有了立竿见影的了解。这一游戏的规则就是都市标准与建筑准则。通过参与这个游戏，股份持有人会迅速了解到他们作出的选择可能造成的结果。通过使这些选择在一个交互式的、建筑性的城市三维模型中变得可视化，这样设计和作出决定的过程将加快许多，城市的需要在游戏当中是一项设计原则，因而这个游戏永远都不可以被重新开始。股份持有人可以轻松地修正他们自己的建筑物，并让其他的参与者迅速地看到其产生的影响。这个游戏在城市与业主之间的联系上产生了巨大的影响。

这个模型是完全参数化的，所有的建筑元素都有力地与其他元素连接在一起，但当一位业主需要固定某些参数的时候，也可以办到。这一参数化设计的技术被股份持有人所采用。

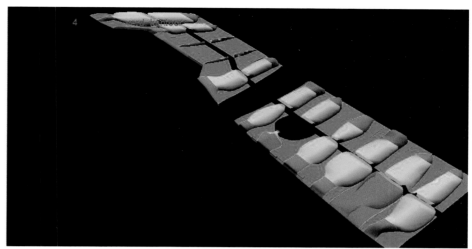

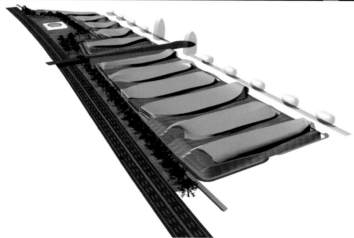

里斯兰城市发展参与者

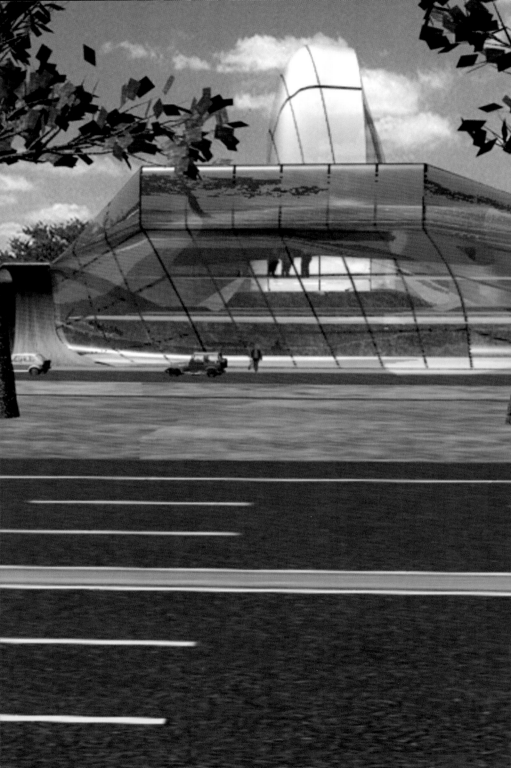

BCN方程式 / 游戏意图

课程的目标是为Cerda规划的巴塞罗那网格开发一个实时的城市规划工具。在尊重旧的理性主义城市网格的同时，又避免任何的重复，一个与现存网格相似的活性的、充满诱惑的城市将会变得繁荣。一个与巴塞罗那相似的新城市将会与现有的这个共存。ONL将会构建多人参与的软件机器"巴塞罗那方程式"(使用VIRTOOL软件程序)，利用巴塞罗那网格中的蜂群式生活、交通以及商业活动的数据来对情绪力场进行实时的处理。这些力场形成了来自于与巴塞罗那网格类似的新城市的设计中一个连贯的新数据流。建筑师认为，认识到没有城市是建造完成的，这一点相当重要。城市并不是博物馆，我们并不把城市规划看作一种顶端朝下的压力，而是将它看作是现有社会结构进化的策略。在工厂中，建筑师对巴塞罗那网格的遗传代码、巴塞罗那的感觉和氛围进行描述。他们要求学生去设计将城市表达为输入→处理→输出设备的流程图，并教会学生使用游戏开发程序VIRTOOL来进行工作。建筑师使用VIRTOOL来构建这个多人参与的规划游戏，参与这个规划游戏的同时制造了实时数据，这些数据被用于相似世界的建筑设计。这一程序中包含了凭直觉所采取的行动，想一想杰克逊·波洛克是怎么样制造他的油滴绘画的。

BCN方程式规划工具所实时制造的数据将会被用作几何学程序的选定参数值。在十周艰苦的工作之后，课题组最终拥有了一种多人参与操作游戏式的规划工具，以及构成与Cerda网格相似的城市的大量建造方案。BCN方程式课程于2003年1月10日在巴塞罗那的加泰罗尼亚国际大学举行，这个为期十周的课程是加泰罗尼亚国际大学、ONL工作室以及超体研究小组协作的结果。其他同期在加泰罗尼亚国际大学举行的课程则是与Karl PChu以及Francois Roche进行的合作。

BCN方程式

BCN方程式

诱惑器游戏 / 公园城市设计工具

公园城市Reitdiep正在为介于一个城市与一个国际生态性的鸟类主要迁徙路径之间感到矛盾。新的城市被构思成为一个巨大的海绵体。这个海绵城市通过对于液体、物质、人、动力以及信息（数据）的吸收和消耗来呼吸。

新的城市将会与景观相似。Reitdiep将不会建造在现存景观的上面，而将会变成新近开发的整体景观的一部分。城市将会变成一座巨大的雕塑——一幅浮雕似的景象。这个城市将会成为一个智能的有机体，吸取大量的能量，并将这些能量尽可能高效率地进行转化，剩下尽量少的废弃物。

一个名为"诱惑器游戏"的新型设计工具已经被开发出来用以对这次城建的多个步骤进行监控定形：在参与诱惑器游戏之前，一个为新居民准备的灵活可变的流动开发区已经有了一个清晰的概念。连续性是最为关键的因素。建设交通枢纽，规划过渡区域，将固体元素流线化，这都是为了强调生活在生命之河中的感觉。流体建筑元素融入了加速增长过程的流体规划之中。首先景观被构建在一个复杂的相异结构的叠层中；水层被架构在树木和副业生产地之上；实体耕作建立在自然的向量式增长基础上。在建造新景观的初始阶段之后，方案规划者必须将这一新的地质情况作为他们工作的出发点，而不会空手无凭地开始。他们将会在已经被复杂的生态结构占领的场地上进行建造工作。诱惑器游戏的实施，即在景观当中设置诱惑器和非诱惑器。参量值、他们的人数、范围以及能量都可以被自由的选择，并按照自己的选择随机使用。引起注意的问题将会出现在新的地理图像上，并转换成为一个可以被输入Autocad当中的dxf文件。在Autocad中这一数据将会被赋以三维形体。dxf链接将直觉上的诱惑器设置位置与其未来实现的实际计算连接起来。诱惑器游戏的实施是一个了解这一过程中——你到底与多少水、多少树木、多少平方米的副业耕作地相关联的过程。诱惑器游戏是一种在这一系列过程当中与非专业的居民进行互动的新的程序工具。由于它的出现，整个设计过程变得透明，并具有了宛如生态系统般的灵活性与流动性。

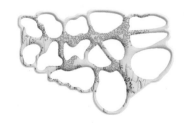

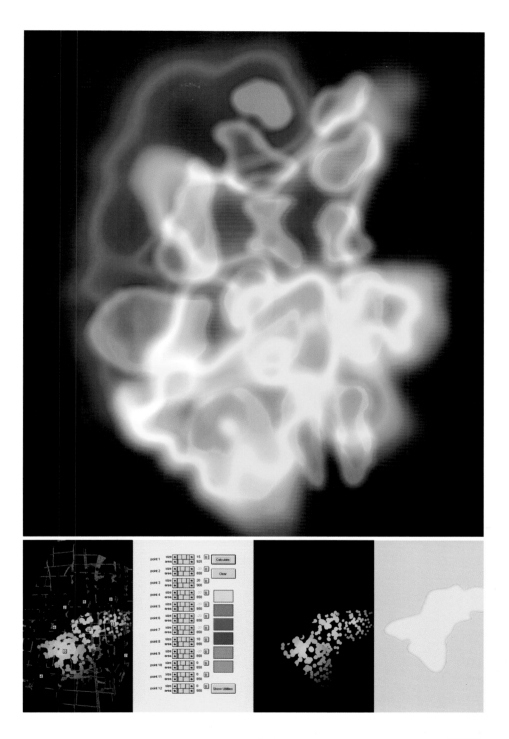

诱惑器游戏

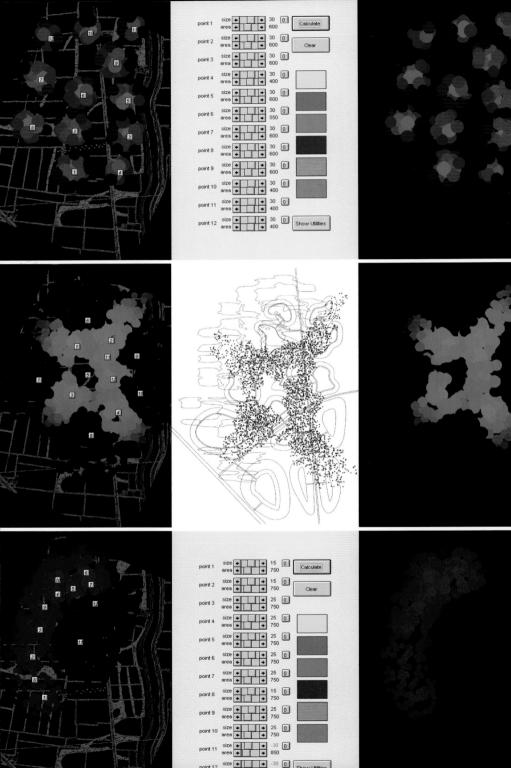

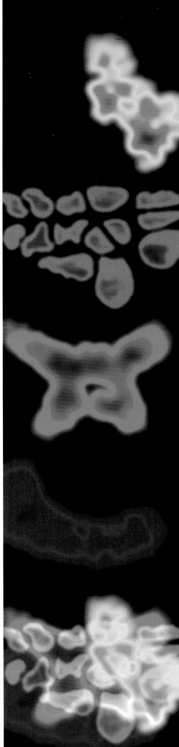
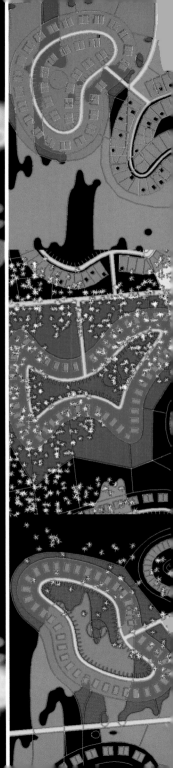

原型空间 / 代尔夫特理工大学校园中的iWEB

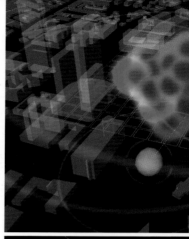

ONL设计的宇宙飞船"北荷兰WEB号"在2002年的芙萝莉雅蝶世界博览会上登上了世界舞台，之后被肢解并重新命名为iWEB。iWEB被设计成为一种能力转换服务器来入主由超体研究小组开发的原型空间，这个小组是卡西·奥斯特惠斯教授领导的备受争议的联合设计工作室与实时工程工作组。

原型空间环境以蜂群特性作为基本原则。蜂群特性被实时赋予所有的物体和参与这个协作设计游戏的所有参与者身上。蜂群特性形成了交互式设计世界中人与客观物体之间的所有交流的有力基础。这一特性被证明对于提高协作设计任务的质量和有效性具有很大的帮助。管理者、建筑师、城市规划师以及项目开发者全部都将从设计与被设计物之间更有效的交流中受益。原型空间中的工作意味着一种辩证的现实环境，这样的环境中，设计上的变化被实时地进行计算和评估。它使参与者能够很快地在自己的专业领域中探索并发现可替代的办法，并且迅速让参与者了解自己所选择的方法的有效性。

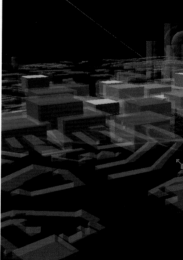

参与者在这个设计游戏中被给予了最为自然的沟通方式：手持无线设备和语音识别系统，手动或者只是简单地在场地中移动。游戏中的任意前进都将会触发压力垫，并将游戏者在设计环境中前推一步。游戏参者可以使用语音来控制设计世界中的某些方面，诸如：主动重力或非主动重力，环境的可见或是隐藏，图形表示中的隐含符号，以及被提议的建筑物的体量的抽象或具体化等。

在原型空间的协作设计环境中工作加强了游戏参与者对于他人观点的感知能力。在实时设计的同时，参与者们将会把自己的知识领域向其他人开放。原型空间是一个为快速空间化提供开放信息来源的设计工作室。快速空间化意味着为有组织的图标、空间设计、规划尺度以及方案开发概念制造快速而含有信息的原型。在原型空间当中的工作意味着在紧凑的时间框架内提高辩证洞察力和提升投资的价值，尤其是在概念性设计的阶段。

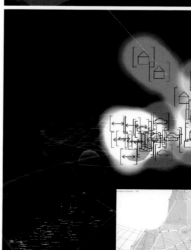

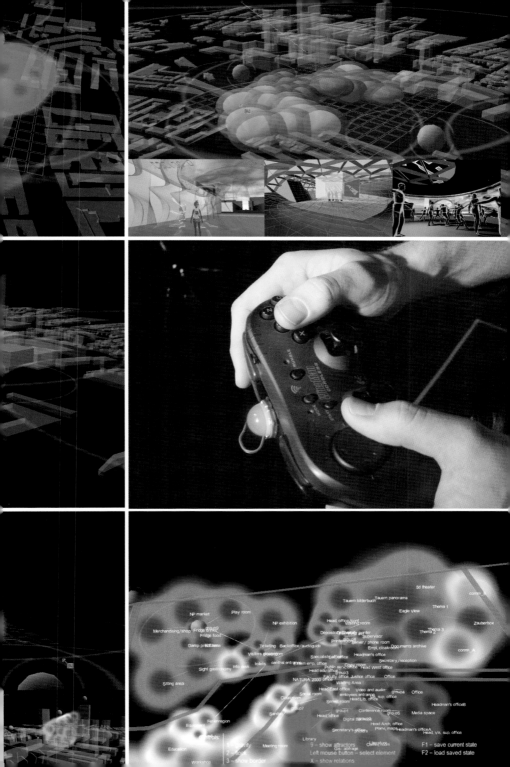

A2智慧港 / A2地区总体规划

荷兰的埃因霍温区组织了一项为期15年的埃因霍温"智慧港"的开发计划任务。它的任务是开发围绕埃因霍温地区的A2高速公路附近的面貌,以此体现"智慧港"的特质,这里包括了埃因霍温希望展示的领先的工业技术和跨国集团,像飞利浦、ASML和DAF,以及享有国际声誉的埃因霍温理工大学。总体规划的目标是将埃因霍温朝一个国际化的智慧港方向拓展。

A2公路景象

类别
ONL将A2地区分割为一系列性格各异的类别以创造这一地区和谐的体验。不同的类别体现为埃因霍温的智慧港沿线的不同区域,也可以发展成不同的主体气氛:休闲区、信息区、景观区、城市区以及科技区。每一个类别中,特定的规则开始形成,包括景观、建筑以及地标。这些全部的规划准则与地方性的规则互补,并且被当地的限定因素所驾驭,以此创造出各个部分独特的标识性。休闲区中已经有了不错的饮水系统,在信息区中已经有一条林荫购物大道,现有的景观已经很完美了,城市区里面的城市景观已经建成,而在科技区里面,一些跨国公司已成规模。每个部分的地标是它们所代表类别的最突出的表现。

地标
地标加强了每一部分的气氛,它们总是位于当地交通的连接处,常常处于每一部分的中部。地标魅力来自于高速公路两侧力场部分的中央所产生的广泛影响。地标能够发展出足够的评论话语以引起国际化的关注。

节点
A2路线是从节点到节点的。在ONL的总体规划中,节点是产生电荷的神经元。它们为这一部分提供了必要的能量,以支持这一部分的张力弧。地标性建筑在节点之间的连接半径上相吻合,这使得建筑的高密度可以实现。

天际线
每个部分都经过天际线上的特殊处理。天际线是由每个建筑的

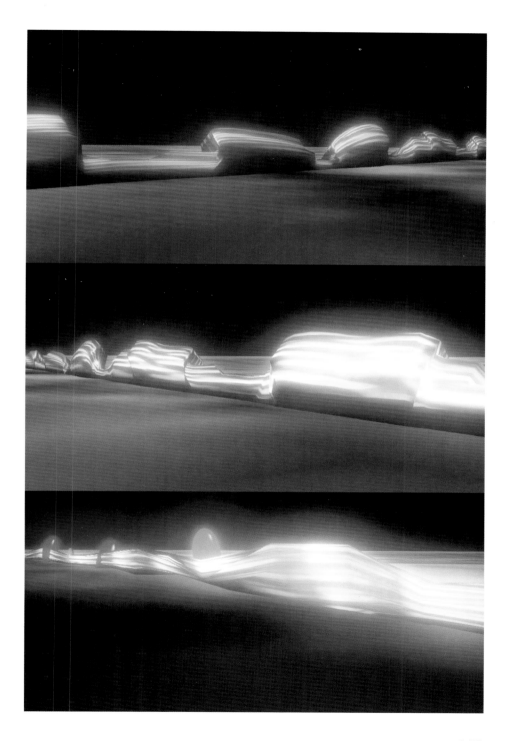

A2智慧港

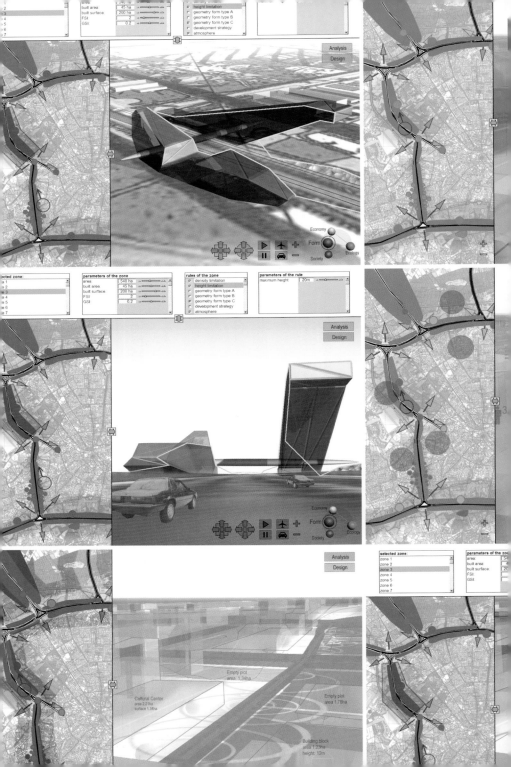

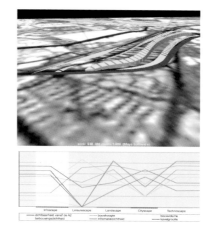

外轮廓所构成的。从远距离看，轮廓定义了每一区域的专有特质。

双用途

总体规划中的一个重要的策略性基础是建筑区划的双用途。双用途意味着同一地块上有着不同的用途，其最直接应用就是高速公路沿线建筑和隔声屏障的混合建造。与传统规划相对比的是，建筑不再是被放在隔声屏障的后面，而与隔声屏障融为一体。在一维的城市模型中，一个点只存在着一个功能，而在双用途的情况下，一个点可能有两个甚至更多用途。在ONL的视野里，有着沿A2高速公路的实现双用途的机会：休闲区中的高速公路和桥上的餐厅，信息区中的隔声屏障和转换器，景观区的建筑和斜坡地形，城市的隔声屏障和建筑，以及信息区中的隔声屏障和太阳能收集器。

智慧港的参与者

ONL与超体研究小组开发一种叫做"智慧港参与者"的应用软件，它将在设计进程中占有重要的地位。智慧港参与者作为一个原型设计、模拟以及表现的工具出现。它将基于一系列的设计原则：三维虚拟原型设计、参数化关联以及团队工作。这些原则在总体规划的开发中，以及在内外部目标人群的兴趣和参与当中起到了重要作用。由于智慧港参与者的使用，设计团队之间的对话更加容易了。这个应用软件允许用户快速草拟方案、检验和储存大量的想法。

　　　　　　　　　　A2智慧港

虚拟操作间

虚拟操作间是一款由ONL工作室与超体研究小组合作开发的游戏。两者的目标都是实践与研究交互式情态建筑，正如汽车、网站以及其他载体一样，建筑已经变得越来越敏感而智能，并开始反馈、行动并令人惊异。为了研究和实践情态建筑，我们建造了参量环境和交互式内表面来与生动的世界进行交流沟通。诸如情态建筑、时基建筑、可编程建筑、自由形式风格、蜂群行为以及遗传运算法则，这样的实际建筑性概念在代尔夫特技术博物馆虚拟操作间的这一游戏中被综合到了一起。

VOR所特有的一种响应几何学能够对于VOR游戏的参与者做出的动作进行响应。在躯体港口中，游戏参与者通过操纵他们自己的游戏化身进入入口空间，一个混合塑造的顶点蜂群可以重复游戏参与者的自身运动。从躯体港口中，通过使用操纵杆作为输入手段，你可以选择进入三个不同的世界：脑部、净化器和循环流。

在每一个高度反应和心理前摄的世界当中，游戏者通过表演、瞄准甜点、射击细胞或是杀死致癌生长物来了解关于身体的知识。在通过得分获得了对于人类身体这个复杂而生动的系统的知识之后，你可以将自己转移到另一个世界当中。VOR主张成为一种未来的自我诊断工具和一种健康自我治愈游戏的概念。游戏参与者将把自身作为一个扩张了的躯体来进行体验。

 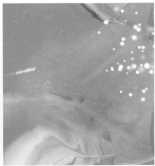 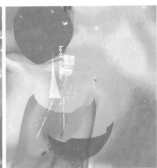

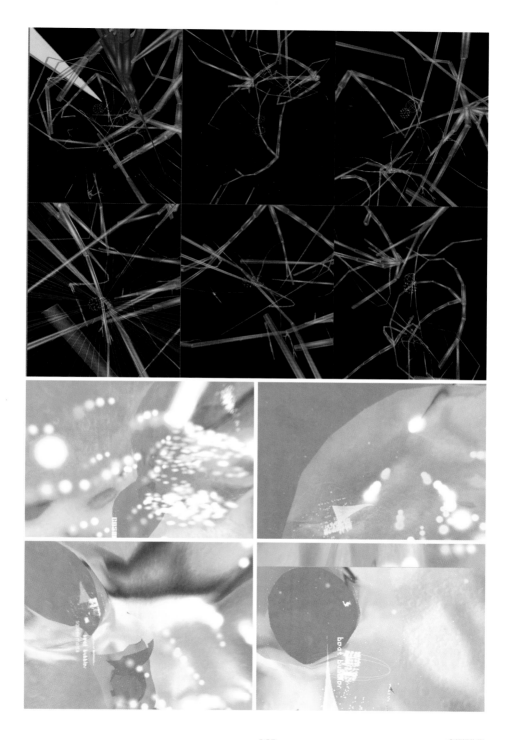

虚拟操作间

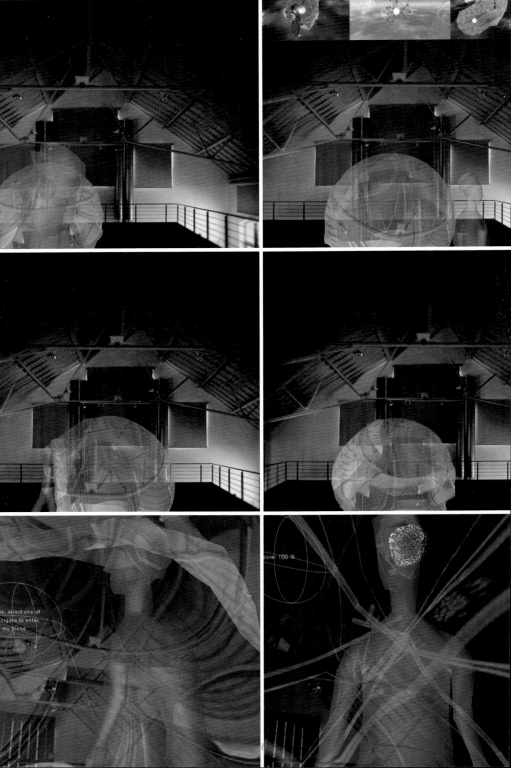

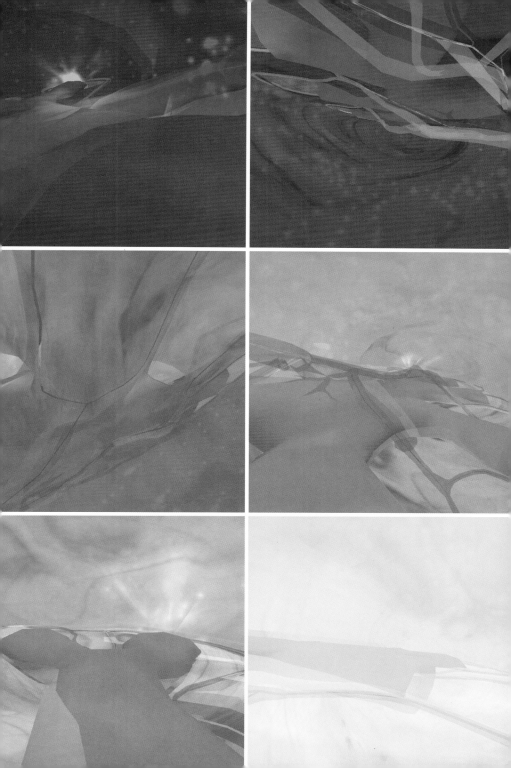

可变自动住宅

这一分类住宅的新概念在各个角度上都是具有弹性的：高度、进深和面宽，正如它的名字——可变自动住宅一样。这个方案的独特性在于业主成为了他们自己住宅的协助设计师。他们不仅决定(外表面或屋顶的)曲线的最终形式，更如他们所希望的那样，在全方位的维度上决定整个住宅的布局，例如厨房应该设置在何处或是太阳能加热器的安装位置等。他们还可以在众多的材料和颜色当中选择来完成整个住宅的体量设计：芦苇、木材、金属、瓷砖和聚氯乙烯。通过购买者与建筑师、建筑师与建造者之间的流畅沟通和高级的建造技术，可变自动住宅的快速构建成为了可能，并同时保持了住宅的独特性。可变自动住宅通过提供实际的风格来代替推销建筑学的陈词滥调。

这个方案最初由一个来自荷兰的研究(20世纪90年代末)发展开来，这个研究的主旨是展示景观发展、建筑以及消费者友好的建筑物是可以合为一体的。这一研究结果是对于大规模生产住宅以及高级建造者规格化的预制住宅的回应。他们展示了事实建筑当中的规格化住宅可以成为一个地区或村庄身份的重新肯定，提供给消费者真正需要的经济、快速、自由的选择，同时加强了文化景观的概念。

可变自动雕塑——可变自动住宅家庭的目标范例，被放置在园林景观的顶端。而景观范例——可变自动景观则名副其实地被嵌入景观本身当中，因此这里就存在了可变经典型(有屋顶的两层建筑)和一个可变自动替换型(具有可变屋盖的地面层)。住宅的轮廓线延伸到园林景观的地貌当中。建筑与园林景观则融入一个新的综合体。景观化的两翼围合出花园，以此巩固居民的个体私密性。

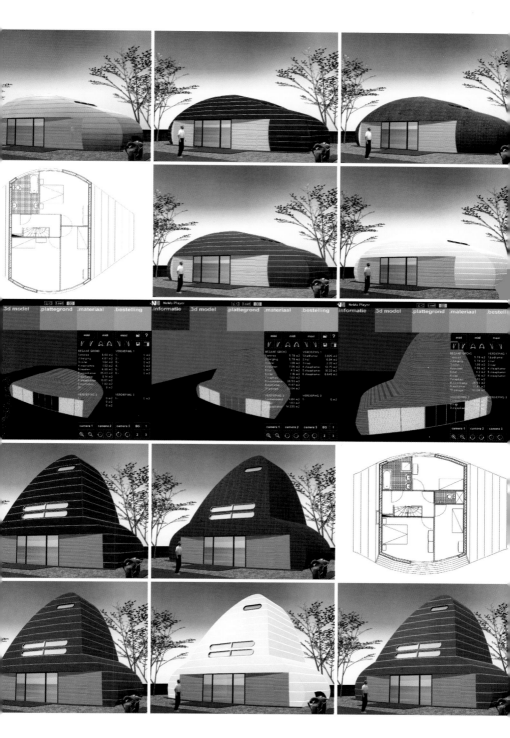

可变自动住宅

建立可变自动住宅

可变自动住宅的标准方案是通过为位于地面层中央的暖房设置两个缓冲器来构成的。这些相对寒冷的区域由一边的车库和另一边的储藏室与入口大厅组成。屋顶部分通过一支50厘米的悬臂尽可能远地向下延伸至前后面的上边缘。住宅的曲线形式与住宅的包膜式表面提供了尽可能大的室内空间，并为居住者提供了一种扩大的空间体验。位于地面层的内部住宅由石材建造而成。在它的周围，初级的钢结构与二级的木构筑物外部以复合手段密封，而内部则由石膏板包裹好。屋顶被一种超轻型和相当强韧耐用的喷膜表皮所包裹(全部的RAL颜色均可提供)。通过地面层的里面，业主们被给予另一个作出选择的良机，他们可以自由地选择具有同样的水平线条的木质内面、砖构成的立面、西式红雪松的立面或是型钢立面作为表皮。

耐用性

耐用性建筑开始于城市规划和景观。仅仅是可变自动景观使用土制边缘被嵌入景观这一事实，就加强了住宅内部气候的稳定性，并且像一座沙丘一样为花园提供了更好的保护。被动太阳能可以通过屋顶南向玻璃面板和可选的PV板接收进来。这一规划的组织也是很重要的。由于地面层生活区的每一翼上都装置有热能缓冲器，这个住宅在冬天就减少了热能散失，并且在夏天的时候不会过度炎热。耐用性建筑也意味着紧凑的建筑。通过其圆形的外观(在规划中，部件也是圆形的)，住宅能够尽可能久地保留它自有的能量。耐用性还意味着长期使用中的灵活可变性。总的来说，温暖的中央房间能够被再细分；只有楼梯间、卫生间和技术性房间的位置是固定的。

交互式网页

可变自动住宅为规格化居住提供了一种新的交互式途径，业主可以在网站上用滚轮选择他偏好的形状。可变自动住宅灵活的几何形状与数据库相连接，住宅的平方米、立方米数值以及预算在数据库里被管理起来。在为他／她自己的可变自动住宅选定形状之后，业主可以订制一定尺度的模型和一系列的图纸；如果他/她已经拥有了一个建造份额，也可以直接申请建造许可。

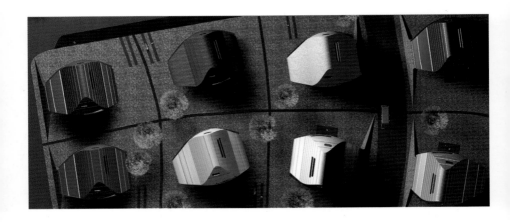

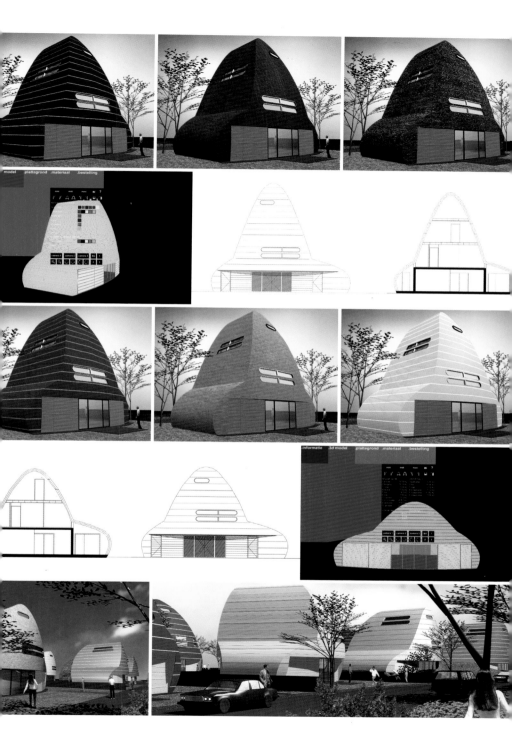

可变自动住宅

05 ✕ 参数设计与大规模定制
Parametric Design and Mass Customization

 基本上这就意味着存在着一种原则性的细部，并且这一细部出现在多种不同的角度、维度和厚度当中。参数化细部事实上与公式类似，当参数产生从一个位置到另一个位置的变化时，没有细部具有相似的参数，但是它们却以同样的公式作为基础建造起来。

1.设计概念

ONL在荷兰2002年芙萝莉雅蝶（Floriade）世界园艺博览会设计了一个展览馆。这座展览馆是一艘太空船，一个在博览会着陆的封闭自治的物体。从建筑的角度来说，墙、地板与顶棚之间并不存在可以辨别的差异。这一设计就以一种拓扑学的表面为基础，并支配了这个形体逻辑审美上的连贯性。

表面的具体形状在设计过程中渐渐显现出来，这一过程将计算机模型与实体模型结合起来。对计算机模型的推敲改造可以获得一个完美的空间，并可以引入建筑师自己的样式要求。在这一过程中，一个清晰的景象从凹面／凸面动力学和轮廓线造型中显现出来，折叠线在形体中淡入又淡出。ONL在一系列的设计造型原则中阐述了对于样式的要求。不对设计进行规模性的描述是相当重要的，但在设计的内部程序仍旧会改变的情况下，一定数量的设计规则和导则是需要的。

对于单个封闭自治形状中的可调适性，建造过程必须分等级地遵循形状的要求，使其在本地的表达适合于本地。

2.拓扑建造网格

为了控制设计的形状和外观，创造了一个NURBS（非均匀有理样条曲线）表面。NURBS是一种交互式三维模型曲线技术，包含了一定数量的多项式运算法则，被广泛使用在设计和角色动画工业当中。建筑中，这些技术的使用关联了一种从二维平面和剖面的使用中脱离出来的纯正的转换范例。简单说来，人们不可能使用平面和剖面建造一个双曲线的表面，因为每一个平面和剖面在不同的剖面上都是不一样的。合乎逻辑的做法就是把NURBS表面作为平面来使用，并通过它来控制建造的完整性。ONL在一个传统的建造网格范例上进行拓展，通过NURBS表面上的二十面体的内处理绘制出了一套三角形网格。这个二十面体系统由于一定的原因被选择，而其中最主要的原因就是它是一个闭合的系统，正像这个设计本身一样。

二十面体是一种含有20个面的多面体。每一个点都与其他的五个或六个点相连。这种网格可以通过更小的三角形在主要的二十个面中进行精确的细分。在一系列的练习之后，建筑师发现从细部的数量和每个三角形覆层的最大维度来看，将每一个三角面更细致地划分为36个更小的三角形(即把每条边划分成六条边)是最为高效的办法。

一定数量的TESSELATING运算法则的存在可以将表面的曲线计算在内，并且这种做法相当智能。如果这些运算法则只是为了效果图的渲染而单独地关注趋近于三角形网格的双曲线表面的话，人们可能会在事后抱怨选择以一个二十面体为基础的三维建筑网格是纯粹武断的。那些仅仅依靠曲线来对三角形进行分类，而没能结合诸如所提供景象轮廓的强度，以及引力、风向这些无形的环境条件和其他荷载条件的编码数据来进行分类的NURBS STESSELATING运算法则是不存在的。因而ONL发明了他们自己的一套TESSELATING系统，并发现二十面体为他们提供了天然有效的方法来对成本的有效性和细部的规律性进行提升。成本的有效性可以通过主要的二十个面的分割数来进行控制，这是因为二十面体的内处理可使得每一点都与其他的五或六个点相衔接。

3.发明一种双曲线建造

建筑中，不规则表面通常被证明在建造上是困难的，因此它们的建造策略通常都以层为基础。举例来说，用钢材加上一定数量的覆层来建造一种形状上的粗略似值，这个粗略似值就会变得光滑。为一个高解析度的形体而设立一种低解析度的建造，这里明显缺乏对于形状的控制，多层重建的需求和二次建造以及覆层都会造成费用的增加。一种更加精确的方法就是为建筑的每一个部件设计一种定制铸型，无论怎样，这压缩了它在覆层上的工作量，因为附加的建造会导致整体的造价更加昂贵。

另一种策略是在形体上投射一套或多套的标准网格，就像人们将一块面包划成片一样，尽管这种尝试通常能够造成完美的可控制的建设性肋梁，这种肋可以被相对容易地生产出来，但是它仅仅对管维状建筑适用。封闭的非规则曲线表面的投射通常具有固有的缺陷，因为在这种投射矢量中它将一种几何各向异性的形态引入了建造当中。这就意味着建筑的建造在其他方面更加偏好某个方向。

建筑必然只能被建造一次，铸型是必需的，而ONL想要的成形形状必须在主要结构中呈现出来。ONL已经通过引入一个基于二十面体的建造网格将他们自己投身于一种尝试当中，这种尝试与NURBS表面直接关联，它必须要创造出一个能够胜任直接描述这种非规则表面并且是各向同性的建造。

为了达成这个目标，ONL为建造网格增加了一种垂直于表面的向量，这种向量被称为法线。这些法线被用来为建造的细部确定方向。

当ONL在两条不平行线之间创造一种可建造的联系时，挑战也随之呈现了出来。使用管维状建造的方法在纳入考虑之后便很快被证明造价昂贵。当ONL意识到人们可以使用折叠板时，一个新奇的主意出现了。这个想法很简单，当人需要用一个建造来连接两个点的时候，他可以使用一块简单的板，但是当一个人需要从一个起始点转换到下一个点的时候，他就可以将板对角折叠。这一想法的创造可能不是即时显而易见的，但是这个简单的想法使ONL能够创造出一种可以描述真实的双曲面。

首先，当连接两个点以及它们各自的方位时，你可以将板进行折叠。这样就可以在两个分别的平面中有效地创造出两个三角形，并在对角处相交。上面的三角形用对角线来描述，两个方位中的一个以一条线相连于格网表面的两点。这条线可能是直的，用以创造出一种多边形建造，但是，既然它连接了定位在同一表面上的两点，这条连接线就也就能够随着一个又一个的面延续下去。

对于下面的三角形来说这也同样是成立的，但是这个三角形不会连接表面上的两点，而是两个表面节点对其各自的方位的偏离(在ONL的这个方案中是一种内部的偏移)。这条线也可能随着一个从主要表面上偏移出来的二级表面而延伸，但是根据荷兰网络展览馆的案例，ONL选择将事情保持在尽可能简单的状态上，并将这条线作为一种直接的联系来画出。于是结果中的建造在外形上就是一个精确的双曲面，而内在则是多边形的。

为了对以上的理论进行说明，在一个任意的双曲面上重新建造了这一系统。而后使用设计中的NURBS表面对这个系统进行模型浇筑，并且同时也遵循着它原有的建造网格。最终成果是一个有效的双曲线建造，外部纤维准确描述了一个非规则双曲表面的建造。

4.建造参数

作为一个建造系统，它允许一定数量的变量在需要适应当地压力时进行调整。

建造的概念在于它并不是等级化的，这就意味着其精髓在于人们在一栋由梁柱和地板托梁组成的标准建造中所看到的任何建造元素之间并不存在本质上的差别。每一个元素不仅区别在强度上，其成就更在于控制其强度的参数上的区别。

对建造强度进行控制的参数
1)点分布：点状网格的分布可以被调整，以此将更多的点集中在受到更大压力的区域，这就造成了一个单体板的较小跨度和每平方米上较大的质量。
2)偏移：点状网格表面上的每一个点都偏移了一定的距离，这些距离能够被改变以造成更大的板面。
3)厚度：每一块板的厚度都是可变的，尽管人们一直在争论，边缘的应用加强了板与其所导致的重量之间的关系，并牵扯到手工劳动上，而最后这些相对"没有话语权"的钢铁被证明是更加有成本效益的，结构厚重是可以理解的。

不幸的是ONL没有在短时间内找到一种构造器能够将这三个参数分别改变，其主要原因应当是由于对这种改变纬度和分布状态的要求需要一种反复的计算，这种计算必须聚合到与建造分级相对抗的从上到下的计算方法的解决方案当中来。在反复的斟酌当中，ONL找到了一种构造器，它愿意改变其中一项参数，那就是厚度。

5.大规模定制

以折叠板为基础的建造背后的主要概念就是，板可以在一个简单的工作流程当中被严密地切割和折叠。像前面提到的凸缘法就破坏了这一工作流程的简易性，并对成本效益产生了严重的影响。大多数的智能需求被集中在预制造的阶段以消除细部。ONL避免以增加解决策略的方法来解决问题，而是创造以一种细部来解决所有问题的方法。

ONL造访了钢铁制造商的工厂，发现切割钢铁的机器所需要的一条闭合线，在任何常用CAD绘图软件都可以得到。同时，板的折叠是一个单独的参数，一个角度。

就像前面提到的那样，ONL已经将大量的思考投入简化工作流程上，他们想通过将建造的功能纯化到参数中，而不改变最终方案的综合性方法来简化工作流程。这个方法现在需要做的事情就是将这些参数编入索引，并将他们投放到工作流程当中。

这就明确地意味着使用建造的三维模型来决定板与板怎样直接连接，度量每块板的折叠程度，并在每一块板未折叠的状态下创造出其大致轮廓。

ONL决定使用简单的由螺钉连接的板间焊接来连接。在每一个顶点，五或六块板被连接在一起，三维模型以零厚度的形式被创造出来，但是当一块板的厚度被确定的时候，它同时也可能在同一个定点连接六块板。为了处理这个问题，ONL决定让每一块板在距离定点五厘米的任意处停止。这一距离被证明能使每一个点都能为相连的板和螺钉留出足够的位置。

这一距离同时也通过在每一块板上创造一条三维的切断线来与三维模型合成一体，因而现在每一个元素都有一个三维模型，并且这个三维模型还具有真实的地点和尺度。

在这个阶段，人们可以说建筑已经存在了，我们现在所需要的只是将它建造出来，并且这也正是随后发生的事情。

桑德·布尔写出了一个AUTOLISP程序，将每一块折叠着的板纳入三维模型中，并将一个特殊的编码分配给它，打开它，衡量其折叠的程度、每个点的定位，这些都和现实生活单元中的一个普通直角系统相关。

特殊的编码是必要的，因为每一块板都是不相同的。

对生成的闭合线的展开是非常重要的，它将直接供应给切割机器，这就是ONL所提出的"文件到工厂"的核心。

每块板的折叠程度明显地依据需要而来，每一块板都有独一无二的折叠程度。现实生活中，这些坐标能够监测和度量这些板的组合，就像TOTALSSTATION这样的激光度量器具一样。

6.覆层

展览馆被设计成为户外的，这就意味着建造在本质上是开放的，雨水也能够进来。由于这栋建筑是覆层结构的，绝缘和防水的问题就变得简单。

不管怎样，ONL投资来创造一个已经有着真实形状描绘的建造，因而覆层结构就必须能够以最低限度的处理来跟随这个形状。

正如早先提到的那样，ONL曾经想要创建一个模型，一次将这个建筑建成，但建筑被建造过不止一次以后，其间的一半要素都会被丢弃。

在进行这个展览馆设计之前，ONL引导了一次小型的对于HYLITE材料的研究学习。这种材料是由CORUS集团制造的铝质碾压板，它的两端都由铝质构成，而中间部分则由聚乙烯制成。它看起来像铝制成的，但是却带有聚乙烯的机动性和柔韧性。

ONL发现成为一种机动性材料意味着它本身将会契合入仿双曲线形式的三条空间性曲线的交角当中。

尽管在这张纸的范围之外，这个交角将会把自己折成更细分的三角形。为了能够在场地上尽快地装配起来，ONL将每一块HYLITE三角模拟出来，并且将它展开，一架喷水式切割器可以对个体的板块进行切割。最初我们发现没有人能够从本质上将一个双曲线三角打开成为一条切割线，并且在某种程度上说明了三维模型中的真实双曲线与HYLITE板上的仿双曲线之间的区别。直到ONL与一家专业的布料张拉结构公司有所交流之后，原来该公司的一种软件可以应用在拉伸、收缩以及展开的机动性材料上。

7.结论

通过北荷兰展览馆的设计，ONL再次证实了他们从前面的方案（ELHORST-VLOEDBELT，盐水馆）当中所获得的信念，即人们在可以得到最大程度的设计自由的同时，通过一个由相似但不同的元素组成的系统合理控制预算。

一系列的技术使这一切成为可能：

1）档案到工厂：通过将建筑师创造的档案与机器联系起来的方法大大简化了的建造过程，消除了一切影响效率的中间环节，更重要的是，避免产生错误。

2）大规模定制：非规则形状只能通过非规则元素的形式存在，因此对大规模定制的控制在很大程度上提升了设计的自由度。

3）参数化设计：一栋建筑，一种细部。理想地说，在大规模定制的解决方案中能够找到比单纯控制形状更多的参数。这些参数可以使设计达到最优化的效果。ONL早前曾经提到：一种反复性的建造计算程序可以聚合为一种不仅仅具有可变厚度的建造，同样具有可变的高度和可选择的点状分布。类似地，在设计过程当中，参数可以与设计要求一致地进行改变，重复性的脚本也可以配合每一个具体的需求来编写。

4）设计控制层级：在这个特殊的展览馆当中，形状被用一个单独的NURBS表面来描述。本质上讲，接下来的一切都与这个表面相关。一个NURBS表面是由NURBS曲线创造出来的，在更高一层的控制下才使得这种创造完整无缺地与其他元素联系起来，通过改变线来改变表面进而改变整个系统。对于设计师来说这是最为基本而重要的观念。

5）躯体样式：这些技术给予建筑师／设计师完全的自由度来对建筑的体量进行造型，来设计风格化的褶痕，以及把褶痕消融到整体光滑的表面中。

文章译自桑德·布尔&卡西·奥斯特惠斯*Parametric Design and Mass Customization*，有删改。

赫辛座舱

车流以时速120公里的速度沿着隔声屏障流动。从噪声堤中显现出来的建筑体量的比例沿着堤长伸展出10个折叠。建筑体与噪声堤的地面部分相接，用作为隔声屏障的体量呈现为一个流线形座舱。动画研究显示，在隔声屏障的延伸体上隆起的座舱激起了最为强烈的碰撞。对于隔声屏障后面隐藏的所有工业设施来说，座舱发挥了一种三维标志的作用。

赫辛展示间

赫辛展示间最为吸引人的设计原则就是对于长而连贯的线条的使用，这一点渗透到了隔声屏障长向延伸的体量中，而这些线条并不存在一个清晰的开始或是一个突然的中介。靠近座舱的地方，顶端的线开始上升，底部的线条则持续向下，这样就为展示间创造出了巨大的空间。这个展示间是一座汽车的殿堂，其中展示劳斯莱斯、宾利、 兰博基尼、 莲花和玛沙拉蒂等品牌的车辆。在迷人的三维轨道公共展示厅的正下方就是工厂与车库的所在地，它就像被揭开了顶的汽车，你可以看到正在运转的机械部件。

赫辛座舱

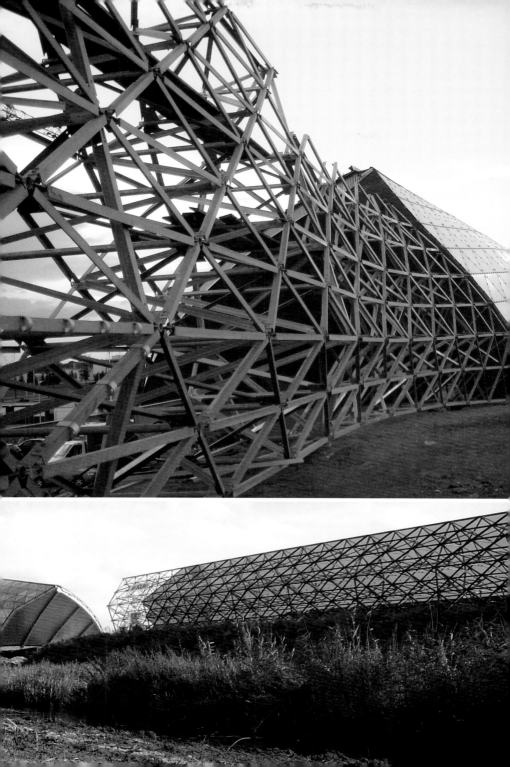

赫辛座舱

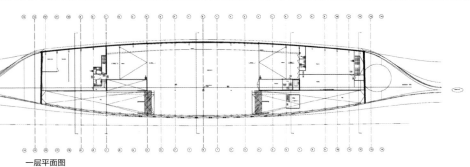

一层平面图

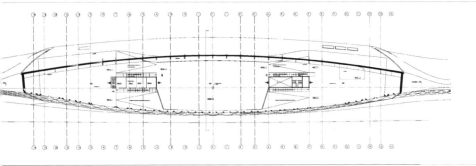

二层平面图

赫辛座舱

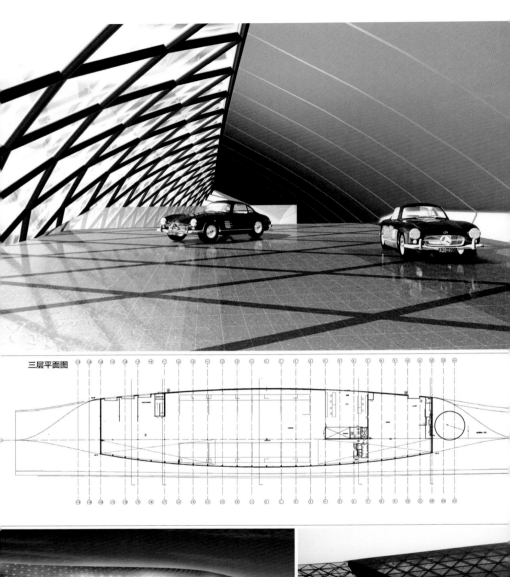

三层平面图

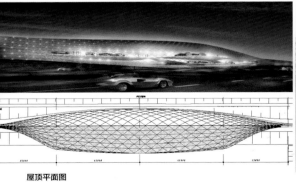

屋顶平面图

情态建筑＋结构逻辑　　　　　　　　182

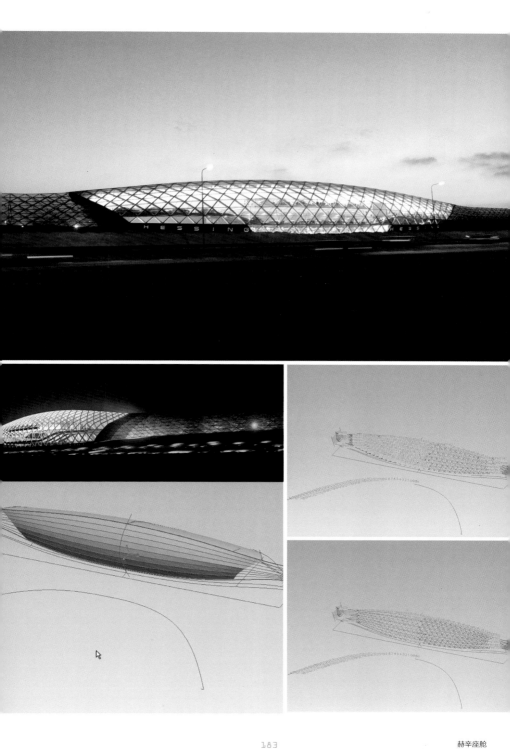

赫辛座舱

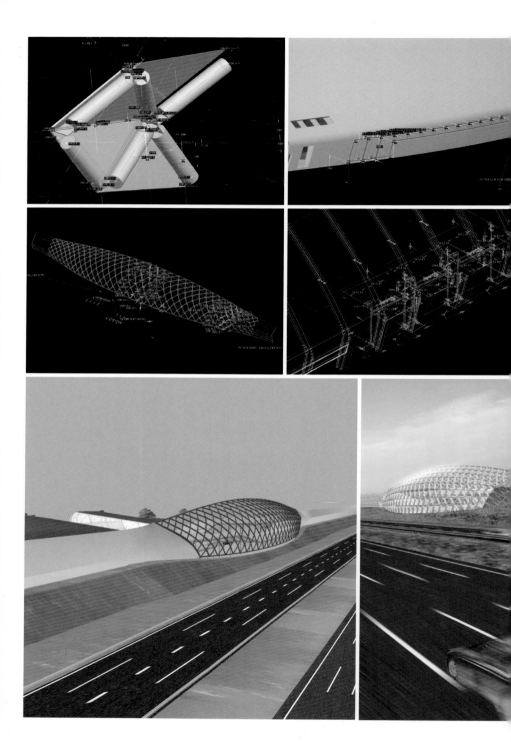

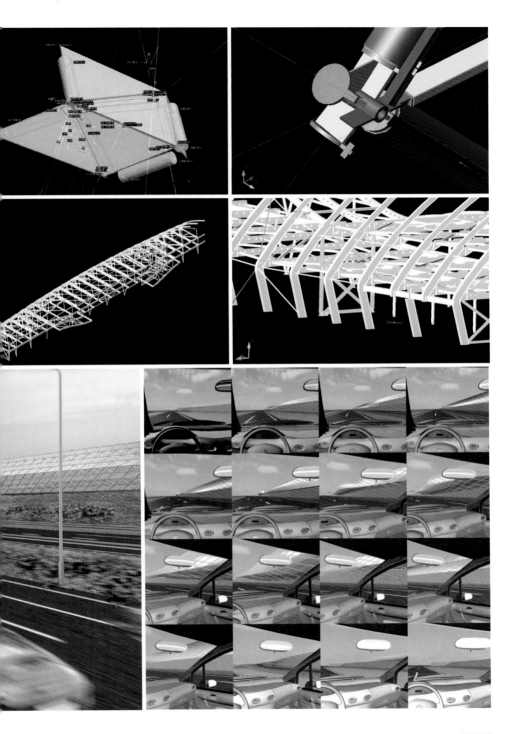

赫辛座舱

隔声屏障

流线型

我们的总体意图是将A2高速公路沿线的工业建筑与隔声屏障结合起来。ONL从一辆以时速120公里通过的汽车的伸缩视角，并沿着高速公路伸展出一个流线型的体量建筑。虽然汽车、蒸汽船以及飞机纷纷采用流线造型来减小阻力，但隔声屏障以及与其相连的座舱建筑物本身并不移动，而是将它们自身设置在川流不息的车河岸边。

参数化设计

合作性设计完全依赖于毫不妥协的设计参数基础。如果没有参数化地进行建设，就不能灵活地操纵参数变量，因而也就不能对参数进行干涉。你也将无法在工程数据和三维模型当中、在环境的生命循环与设计过程当中取得有效的沟通和融合。使用参数化的模型进行工作为股份持有者在建造过程中随时讨论方案环境的质量创造了交流的空间。它开放的设计过程提升了项目执行阶段的工程协作，也为开发商和使用者提供了一种可能而有意义的交流。座舱建筑物作为隔声屏障的一个整体部件所呈现的概念基于一套相对简单的曲线，这套曲线用来描绘高度、宽度和长度之间的精确价值和参数性关系。正是由于概念的严密性，在相关的不同股份持有者提出方案，并且根据参数对价值系进行了多次调整之后，这一方案才得以继续生存下来。

弹性长线条

隔声屏障及嵌入其中的座舱建筑最为显著的设计原则就是使用长距离连续的线条在隔声屏障的两边构筑光滑延伸开来的表面。在沿着1.5公里长的隔声屏障驾驶的时候，由凸起到凹陷缓慢转变的表面渐渐显现。掠过座舱建筑，柔滑的隔声屏障被戏剧性地渐渐拉起来，为5000平方米的座舱建筑物创造了一个空间体量。线条连贯性中的突然断裂被小心地避免了。汽车驾驶者沿着隔声屏障的长向行驶，经历了一种独特的渐进的变化。

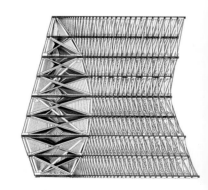

隔声屏障

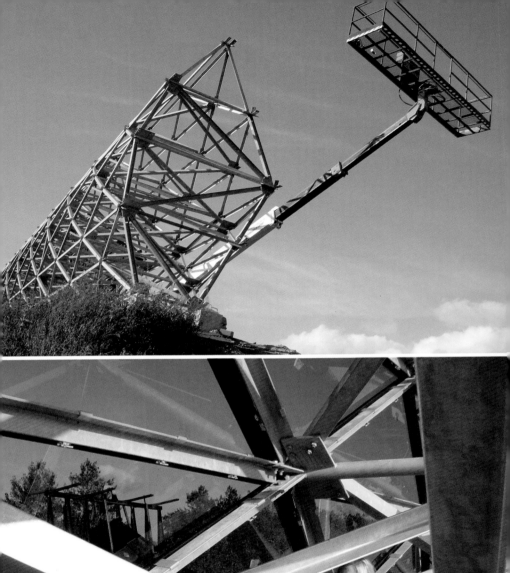

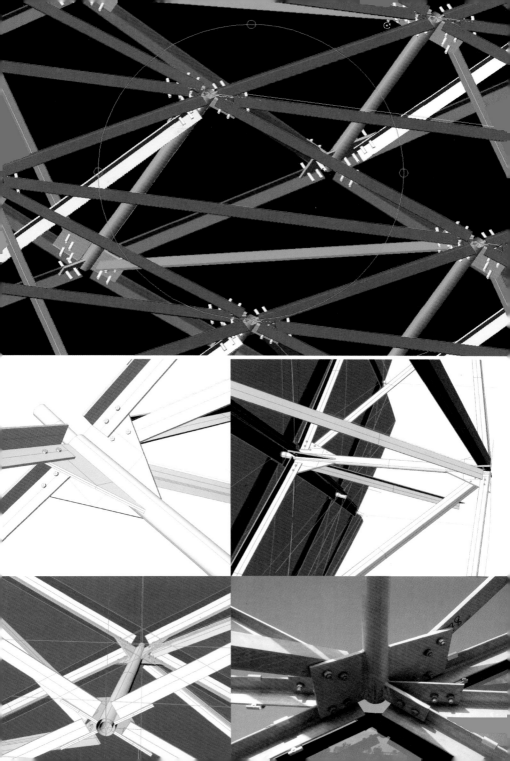

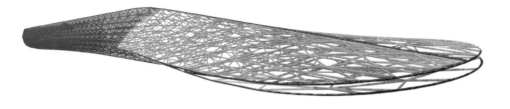

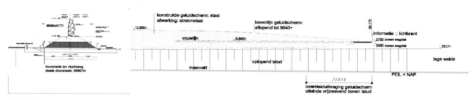

横剖面图

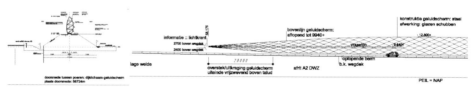

纵剖面图

隔声屏障

隔声屏障

厄格洛斯前灯／厄格洛斯展示间

ONL为厄格洛斯的宝马汽车代理商设计了两座对称的建筑，这两座建筑可以从邻近Leidsche Rijn的A2高速公路的隔声屏障和赫辛座舱后面看到，同时也能在它自己身处的座舱建筑前面的商业区域中看到。两个体量共同形成了一个令人联想到宝马汽车两个格子与轻轻翘起的前杆的一致图像。双层浮雕玻璃立面像新宝马汽车1系列和5系列的前灯一样自由地环绕在角落。厄格洛斯宝马展示厅在造型方面是一座像现代车身本身一样的定型体量。两座前灯建筑的建造紧紧跟随建筑性的造型，因而没有一个结构性元素是相同的。厄格洛斯前灯建筑是又一个非标准建筑的范例。根据ONL开发的大规模定制的原则（MC）以及特别的F2F制造过程，建筑物的质量、精确度和成本都保证控制在标准之内。

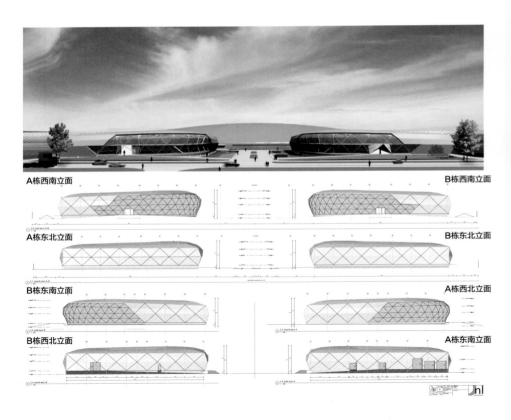

A栋西南立面　　　　　　　　　　　　　　　　　　　B栋西南立面

A栋东北立面　　　　　　　　　　　　　　　　　　　B栋东北立面

B栋东南立面　　　　　　　　　　　　　　　　　　　A栋西北立面

B栋西北立面　　　　　　　　　　　　　　　　　　　A栋东南立面

结构剖立面图

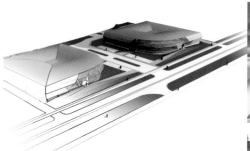 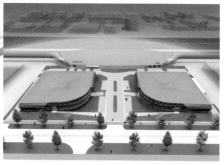

厄格洛斯前灯

剖面AA

剖面AA的3D剖切模型

情态建筑＋结构逻辑

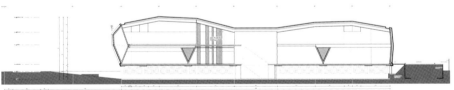

剖面CC

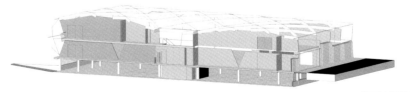

剖面CC的3D剖切模型

厄格洛斯前灯

惠灵顿港口 / 总体规划

公式

（Hei-matau+Koru+Manaia）×（快艇+飞利浦剃须刀+单体）×（骨骼+肌肉+蜗居）=WW建筑实体群（毛利人符号）×（工业产品）×（自然结构）=WW

家族建筑实体家族

围绕着Waitangi公园地区的惠灵顿港口（WW）建筑群被认为是一系列相互关联的建筑实体家族，它们有许多相似的基因，不过也有各自的和它们特定的位置相关系的特点。Hei-matau地标大厦处于部分伸入海面的地形1和地形2之间，而Koru地标大厦位于指向公园的地形3。位于地形4的Manaia地标大厦将自身分为两个方向，一个完全朝向Te Papa，另一个直接朝向Chaffers Dock和Te Papa之间的开放空间，转过弯去可以看到沿着指向惠灵顿海湾的凯布尔大街上的建筑，每座建筑都有基于层叠方式而伸出来的餐厅；这和它们特殊的位置有着关系。另一端的扭曲和折叠的体量既向上（沿着地形1和地形2的墙面攀升）又前趋（公寓的层叠），或者向两边发展（与Te Papa相连接）。

开放的终端

所有的建筑实体在两个方向都有着"开放的终端"。开放终端以层叠的方式使餐厅和咖啡厅的相邻环境产生连接，然后在主体两端的攀爬墙的上空部分结束，并面对着城市（地形4）或者打开阳台面向海湾（地形3）。开放终端的策略是在三座建筑实体的紧凑体量中间建立紧张的气氛，而它们的开放性——既是功能性的，又是视觉性的——趋向它们相邻的周遭环境。在某种趣味上，餐厅从建筑主体上探出头来，就像伸出来的舌头一样，以一种友好的方式邀请市民前来参观，而不会让他们感到不知所措。

能量传输线

建筑主体是由能量传输线所控制的。它旋转、扭曲着，以赋予可塑化体量以形状和意义。这种螺旋形上人联想起许多毛利人用过的曲线和

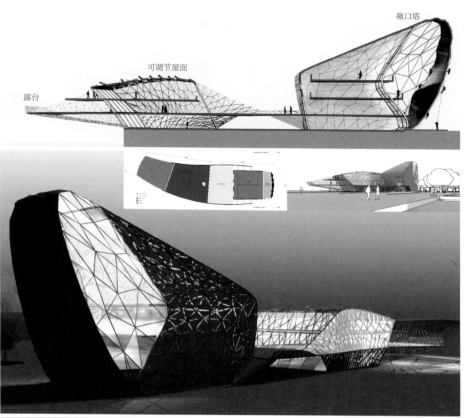

敞口塔

可调节屋面

露台

惠灵顿港口

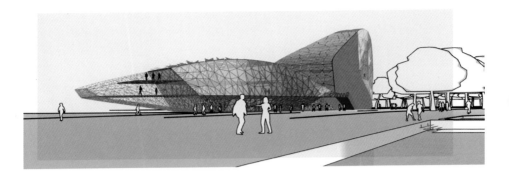

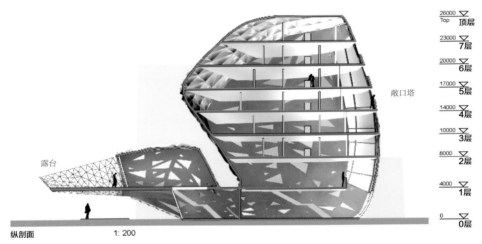

26000 ▽ Top	顶层	
23000 ▽	7层	
20000 ▽	6层	
17000 ▽	5层	敞口塔
14000 ▽	4层	
10000 ▽	3层	
8000 ▽	2层	
4000 ▽	1层	
0 ▽	0层	

露台

纵剖面 　　　　1: 200

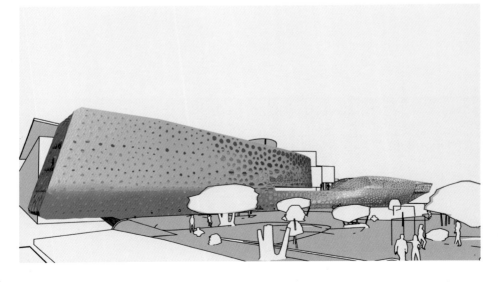

螺旋线符号。ONL认为开发出一种完全不同的包含毛利文化和西方（英国人）文化的跨文化形象是非常重要的。这种混杂的结果既不是完全毛利化的，也不是完全西方化的。这是一个新的，但却不确定的进程，但是汲取了两种文化的精神。在这些文化的融合进程中，没有任何一种文化是处于统治地位的。ONL使用能量传输线来进行设计元素的组织。传输线的能量在建筑主体的动力化过程中表现了出来，并且风格化的传输线定义了平面上的折叠痕迹。像毛利人装饰的曲线美感一样，WW建筑主体家族的设计中，曲线的图案和建筑主体的大体形状很相似。

可编程发光二极管灯

WW建筑主体家族的一个重要特质就是，开放终端是由发光二极管灯的照明来激活的。开放终端的开放式结构——露台、攀爬墙的上空、阁楼——会从内部点亮，创造一种童话般的薄雾气氛。布置于建筑周围环境中的传感器将在街上的步行访客、颜色和发光二极管灯的照明强度间建立一种互动的关系。如果WW地区没有人的活动，照明强度将会减弱和慢慢地变化，如同沉沉入睡的气氛。如果夜间有更多的人活动，能量将会更积极地促使灯光编排至一个最大的活动范围，因此灯光可以避免成为经过此处的人、邻近的建筑、餐厅中的用餐者以及其他使用者所厌恶的东西。

可适应性的屋顶

在ONL所设计的三座WW建筑当中，弯曲的屋顶曲线是被可编程的第二层表皮所激活的，它以一种自适应伸缩板的形式出现，这些面板可以旋转，并且是由不同材料所组成的；海鲜餐厅使用的是新西兰实木面板，创造性咖啡厅是由可膨胀的PVC垫子组成，而中国茶室使用的是铜板。有时候天窗的功能就像太阳似的，屏幕的移动可以适应不同的天气情况，有时候它们被用于视觉上遮挡非营业中的商店和餐厅。在层叠层的开放终端，木板的平台结构可以使人在上面走动。ONL将从不同的新西兰木材中选择材料，比如将深黑色的芮木用在平台上，而浅黄色的杉木用在屋顶的天窗上。

场地1-2：地标Hei-Matau（鱼钩）

毛利人的Hei-Matau标志（意思是鱼钩）代表了力量和决心，还可以带来和平、繁荣以及健康。场地1和场地2上的复合型建筑与海洋（惠灵顿港）建立了一种关系，并通在在港口的水面上伸出来的一段距离，引导餐厅的食客对他们所食用的鱼从哪里来，有着最强烈的可能的体验。在混杂结构的另一边，攀岩石在空气中露出来，以建立此处和更远处的山体之间的关系。场地1和场地2通过伸出的平台融合成为一个连续结构。从远处的塔拉纳基码头和皇后码头看过来，此处的混杂结构建立了一个强烈的轮廓线。在早期的设计阶段，应用在程序内容上的能量线就演化出一个明晰的轮廓线，这使得建筑成为容易辨识的标志性建筑。ONL正在努力为惠灵顿市民提供一个强烈的视觉定位点，以激发他们相关的联想。

场地3：地标Koru（蕨叶）

毛利人的标志Koru（意思是蕨叶）描述了新的开始、成长以及和谐。本质上，它和场地3的建筑有着很好的匹配。蕨类的叶子像螺旋线一样卷曲起来，因此ONL将能量传输线设计为第三座建筑的形状塑造，并将整栋公寓的体量扭曲起来。像Hei-Matau符号与大海的联系一样，Koru符号代表与陆地有着紧密的联系，并强调创新咖啡厅和怀唐伊公园之间的关系。位于地面层的酒吧便于借助公园举办活动。地面层还有一个宽大的楼梯与创新咖啡厅相连。平台在绿地上盘旋着。地标Koru也是一个有着明显轮廓线的混杂建筑。咖啡厅、酒吧和商店设置在地面层和二层的公共区，而在12层的公寓中有一个隐藏在扭曲的塔楼中的阁楼。在北部的海湾边上，垂直展开的"开放终端"由公寓单元的层叠平台所展现出来，为居民们提供了一个宏伟的全景。

场地4：地标Manaia（鸟头神物）

毛利人的Manaia符号被认为是部落的保护者，保护着部落不受邪魔的侵害，并且拥有伟大的精神力量。ONL选择了这个符号与第4座建筑建立了联系，这座建筑包括Te Papa博物馆的扩建部分以及一个中国式茶室。你在茶室中欣赏到了中国茶文化，而毛利文化呈现在Te Papa博物馆的扩建部分中，这种奇异的混合显著展示了Manaia这个符号的意义。而禽类的头部包含了中国茶室，而建筑的主体包含了展览空间。第四座建筑主体的上层部分直接与Te Papa的第二层相连，并与Te Papa大厅空间中的中轴线并列。这里没有像连接性桥梁那样的单独元素，但是它的上部主体的朝向被掉转至与博物馆建筑的轴线切线的方向。在地面层中，主要的视线轴保持着开放性，并且因建筑主体的较高或较低的分支部分而变得有活力。

WW建筑主体家族

从城市向大海或者是从海湾向城市这样的距离看来，这三座建筑组成的群体构成了一个地标结构的家族，

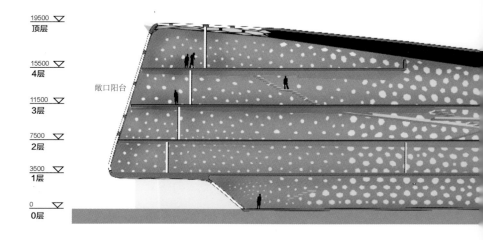

19500 ▽
顶层

15500 ▽
4层

敞口阳台

11500 ▽
3层

7500 ▽
2层

3500 ▽
1层

0 ▽
0层

毛利人的符号　　　　工业产品　　　　自然结构

它们有着明晰、光滑而确定的轮廓线形状。因此ONL驾驭了从文件到工厂化生产的现代CNC工程技术，为非标准化建筑扫清了毛利人和西方文化的陈旧技术道路。新的建筑家族将与现存的惠灵顿建筑完全不同，而在另一方面，它们将和海船的形状完全的融合，并且它们的设计为新的Waitangi（在毛利语中意为"哭泣的水"）公园和周围环境提供丰富而积极的体验。

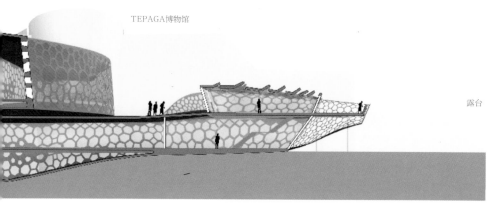

TEPAGA博物馆

露台

纵剖面

i网

WEB在位于荷兰Haarlemmer—meer区的芙萝莉雅蝶世界展览会的场地上进行了一次成功的软着陆。WEB是在计算机的失重空间中设计出来的。在执行阶段的开始，ONL将重力作为一种工作于三维模型上的活性力量释放出来。ONL塑造了三维模型，也塑造了一种可塑造的物质(数字黏土)。大量不同的技术被应用于这个方案：碾磨机输出，三维数字转换器进行输入，并使用数字表面雕塑工具来建造模型。

文件到工厂

从选择六块二十面体网格开始，ONL已经发明一套全新的建造原则：一种将衡量过的法线(与NURBS模型表面垂直相交的线)连接在一起的由扁平折叠金属板构成的三维三角网格。ONL意识到数字三维模型与钢铁制造者MEIJERS STAALBOUW之间的直接联系。ONL撰写了一套内部的AUTOLISP（用于Autocad 自定义开发的一种程序语言）工作程序来将各种元素从三维模型中取出，放置到一个参考平面上，压平它们并附加上相应的数据。回扣点和角度旋转被一个表格(数据库)管理起来。所有的元素在形状和厚度上都是独特的。在这个程序当中二维图像不起任何作用，这就是设计师的数字三维模型与生产者的可编程切割机器之间直接的对话。

水滴形状的大规模定制

这种创新的钢构造可以在原理上顺从于任何可能的水滴结构。因为这个原因，ONL的发明对于整个建造行业都具有广泛的价值。这一创意的出发点在于将例外变成常规。为大规模定制提供解决方案，并且对现代社会需要的制造过程中高度的个体化发出回应。WEB在MEIJERS STAALBOUW的车间中装配为一个整体，而后三周内又被分割开，刷涂层，运输然后到建设场地进行安装。

一栋建筑一种细部

ONL的建筑拥有一个将构造型元素的不同节点的数量最小化的历

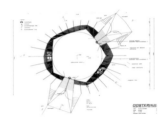

平面图

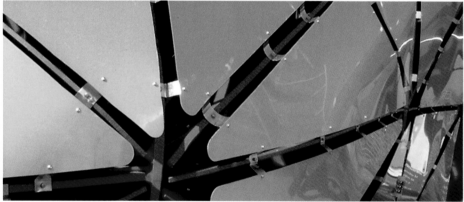

史。这种态度引向了诸如Zwolsche Algemeene 和BRN餐厅这样的极少主义建筑。在20世纪90年代初，卡西·奥斯特惠斯意识到建筑性语言极端的极少主义最终将会走向一个没有出路的尽端，因而产生了一种走向细部的新方式：对于构造细部和覆层细部的参数化设计。基本上这就意味着存在着一种原则性的细部，并且这一细部出现在多种不同角度、维度和厚度当中。参数化细部事实上与公式类似，当参数产生从一个位置到另一个位置的变化时，没有细部具有相似的参数，但是它们却以同样的公式作为基础建造起来。我们可以说WEB是一栋只含有一种细部的建筑。这种细部被设计出来适应建筑所有不同的面孔。屋顶、地板以及立面被作以相同的处理。前面和背后，左边和右边也被同等地进行处理。事实上并不存在着背后，所有的面都是正面。这种意义上来说基于参数的建筑展示了一种对于工业事物设计的巨大回应。参数化建筑分享着一种相似的综合性。

Hylite铝

一种相似的自动语言程序已经被开发来制造三角形的超轻型Hylite铝板。没有三角形是相同的，重复性是不存在的。另一种日常程序将面板从三维模型中取出压平，并从平坦的Hylite面板上用计算机控制的喷水式切割机切下来，形成的柔软边缘三角形面板在钢结构曲线的外部轮廓上被折叠。V型定位器超越了距离并与折叠得很好的铁片和薄如纸的外部Hylite表皮之间的旋转角度相配合。Hylite是由CORUSS GROUP创造的一种新的合成材料，它被保证是"自然的"。Hylite由两层相当轻薄的铝层及之间的聚丙烯核构成的，总体有2毫米厚。Hylite具有很高的弹性，并且可以对表面的内力进行吸收。这些材料的特性形成了ONL设计的基础，一种强力建造与精巧的表皮之间的相互关系。在集合装备程序处，三条支撑脚处的三角形首先被加固，然后三个角落就会被打开。在页片三角形尚未被定义的中间，页片正在和内力相抗衡。整个变形经历着从突起到凹陷、从典雅到野性的曲线。

液压翼动门

只有一种特殊的方法能够塑造大胆的翼动门，那就是应用液压柱绕轴旋转的办法。翼动门是从WEB太空船的躯干上切割掉的一部分。当门闭合的时候，门与太空船体之间并不能看出任何不同。

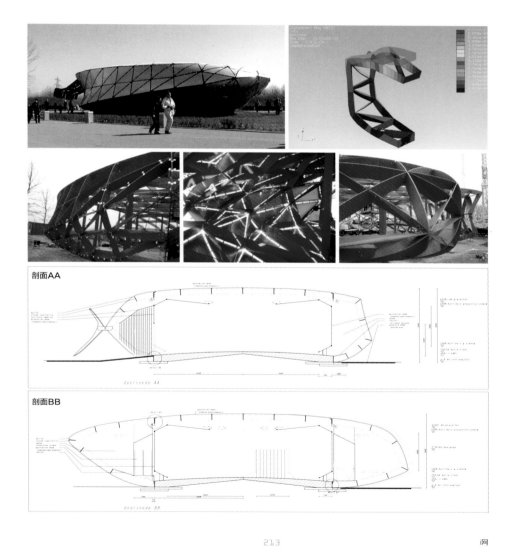

剖面AA

剖面BB

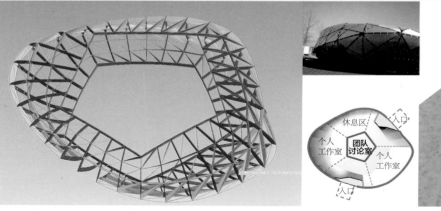

休息区

入口

个人
工作室

团队
讨论室

个人
工作室

入口

TT纪念碑

ONL试图将摩托车与驾驶者融为一体。摩托车的速度模糊了正在
建立的元素之间的界限。熔解的每一部分都在相互转换。每一个机
械部件都转变成为精神部件。风重塑了车轮的形状,人的身体融入
新的人机躯体。这种熔解创造了一种山峰与低谷、明晰的边缘和奇
妙扭曲的世俗景观。熔合后的躯体呈现出了一种前轮离地的平衡,
宛如一匹骏马一样在庆祝胜利与骄傲。TT纪念碑是终极的骏马:
强壮而快速,顺从而圆滑,骄傲而倔强。

如何完成它

ONL的工作始于一种快速的计算机三维草图绘制。通过这张三
维草图,他们铣削出一座尺度为1:20的泡沫塑料模型。而下一
步的抉择,则是在这些前期渲染图、照片蒙太奇以及模型实体的
基础上作出的。为了进一步实施,他们必须完全重新塑造这个模
型。首先他们使用三维数字转换器将修正后的模型实体恢复到数
字化设计阶段,然后这个模型在Maya中被Nurbs曲面来定义。
两者被缝合到一起来生成一个多面体模型。他们随后便着手于一
个适合于直觉设计过程的新程序:使用MAYA中的雕塑表面工具
进行表面上的推拉,创造出新的谷地和更紧密的褶皱,以及从摩
托车的前面到后面更加平滑的过渡。它感觉上像一种数字黏土。
ONL抛弃了摩托车的车轮和其他现实的零部件,并且直观地引入
激烈而扭曲的形状来唤起速度以及人体与自行车的融合。新的躯
体将力量、速度和骄傲联系在一起。于是他们将三维模型存储为
IGES文件。这些数据对Mastercam项目的现场模型浇铸来说是
相当重要的。价值50000欧元的碾磨机完全胜任快速地在四条自
由轴线上对大尺度物体进行高精度铣削的工作。

它看起来怎么样

ONL选择用抛光铝质材料来包裹外部。铝材被铸入四种独立的
模型当中,然后在一个刚性的不锈钢框架上脱模。被抛光的铝创
造了表面景观中更大的深度和自由度。高处的构件明快地亮起,
而在缺少抛光的低谷部分亮光却渐渐消失。强壮却同时平滑的躯
体,表面激起了感觉与纯粹力量的骄傲融合。

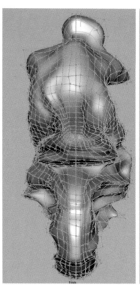
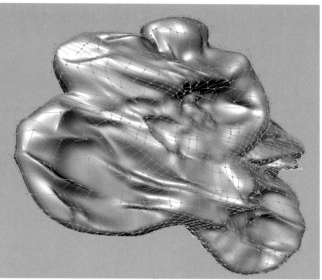
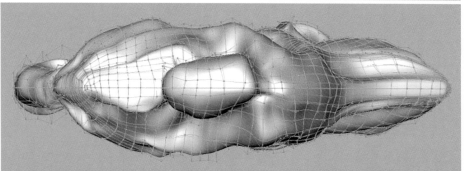

TT纪念碑

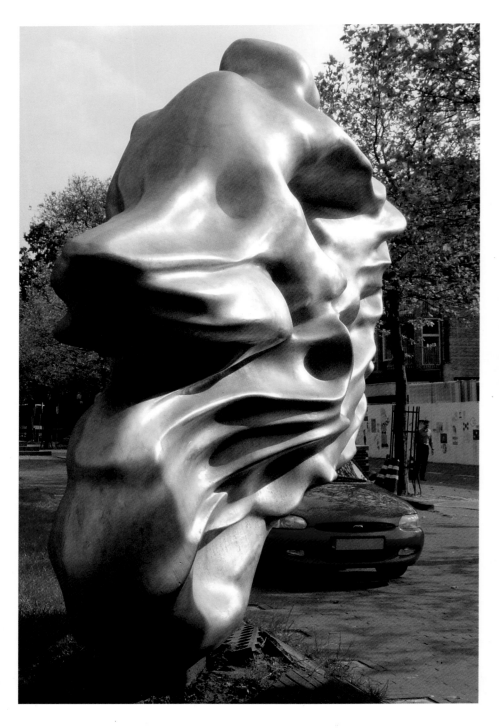

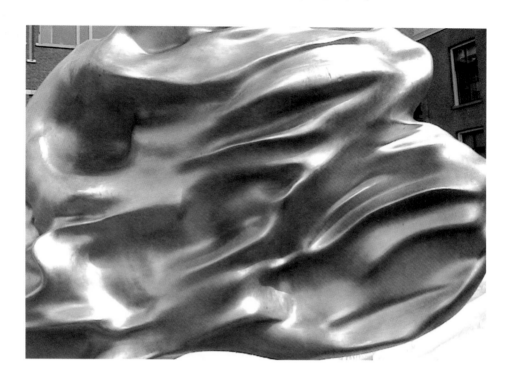

TT纪念碑

多功能中心 / 巴基斯坦，拉合尔

巴基斯坦的拉合尔是一座欧洲大都会，拥有它充满魅力的"失控的活力"。传统的管理严密的欧洲式方法已经不再适用于迅速发展的亚洲大都会区域了。这里建筑师必须应对的都市产物对于旧式欧洲人来说是新奇而强大的，它的特性更多地被与传统的严密管理相反的行为和自我规范刻画出来。ONL建筑师与Mahmoudieh design的室内设计师共同的目标是抓住拉合尔多功能中心方案中的这种新颖而不可抗拒的活力。

对于多功能中心(简称MC)的外形，ONL的建筑师们否定了平滑而有光泽的玻璃立面的建筑性表达，因为这种表达方式往往来自于传统的严密管理的规划和建筑。而ONL希望抓住快速发展的新亚洲世界阶层文化的敏感性来代替旧的表达方式。怎么样才能建筑化地表达这种新的活力？ONL选择将立面看作一件包裹着原本平庸的建筑综合体的宽松而端庄的衣服一样折叠起来。这件松散而包装着的衣服像一张羊皮纸一样折叠并充满了皱纹，它像纱帐一样被穿满了孔洞，由此来阻挡强烈的光线，同时又允许人们从内部看到外面。这种半渗透的表皮也比西方风格的光滑玻璃立面更适合巴基斯坦的气候。它非常合理地节省了降温的花销。

购物中心像19世纪末、20世纪初的大型购物中心一样组织、展示了一种非常清晰、简单、易懂的内部结构，联想一下莫斯科的GUM百货店和米兰的风雨商业街廊的壮丽和透明，这种内在的清晰结构将会在这个装饰丰富的环境中主宰全部最优秀的品牌。但是ONL与YM将不会尝试去复制这些伟大的范例，他们将会把一种装饰性丰富的现行版本同形状与材料的丰富性结合在一起。

ONL在购物中心顶端的五层当中规划了三座塔楼和一个非常特别的蛋形虚拟现实影院。三座塔楼中最大的一座中容纳了直角的矩形功能性办公层，第二大的塔楼是一座居住性塔楼，而第三座则是一个拥有500套房间的五星级酒店。地下停车场分列在两个楼层中，并从下部支撑着整个建筑。MC的总体体量并没有占满整个建筑场地，它在居住塔楼的入口处为城市的停车场留下了一个非常宽敞的空间。

三座塔楼都被构建在一个基本呈矩形的混凝土结构内。穿孔的立面由轻质的合成物构成，通过穿凿大大小小的孔洞来保证让30%的阳光进入室内。穿孔三角面板被固定在镶嵌了花纹的支撑钢结构上面，面板之间设置有大型线性开口来让阳光进入并在夜间使人造照明透露出来。光通过折叠表皮的裂缝从内部透露出来。立面的总体印象——尤其是在晚间的时候，将会出现魔幻效果。

多功能中心

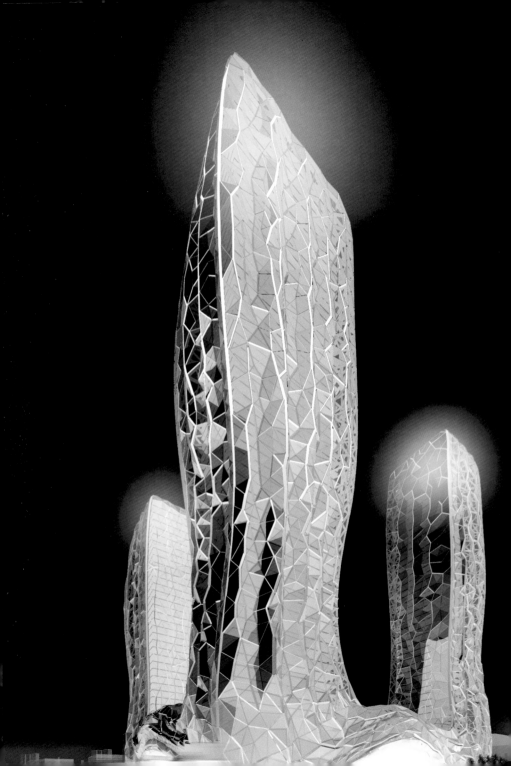

丛书策划： 仇宏洲

本套丛书在编写、制作过程中，得到了蓝青、舒玉莹、王俊法、李挺、袁景帅、张颖、张新、杨波、凡晓芝、高君、林斌、高建国、华建等人给予的大力支持与帮助，在此一并表示感谢。

21世纪数字＋生态先锋建筑丛书的所有内容均由原著作权人授权AADCU国际机构出版项目使用，任何个人和团体不得以任何媒介形式翻录，中文版的编著由AADCU国际机构北京办事处授权。

简介_ONL

ONL数码建筑设计事务所是由艺术家、建筑师和程序员共同组成的多学科建筑设计工作平台，主要开展艺术项目、互动装置、建筑项目以及城市规划研究等项目。他们以在设计和生产过程中融入高超的交互式数字技术见长，将富有创造力的设计策略与大规模定制的生产方法相结合，使构成元素各不相同的几何形复合结构的建造成为可能。他们对设计直觉、数字可编程模型与生产过程的逻辑之间的前沿探索，对当今新一代的荷兰建筑师影响巨大。